纤维素材料在滤棒领域的应用研究

主　编　杨光远　陈　军
　　　　章新军　彭三文
副主编　邓少鹏　车　静
　　　　赵小康　熊大双

武汉理工大学出版社
·武汉·

图书在版编目（CIP）数据

纤维素材料在滤棒领域的应用研究 / 杨光远等主编. -- 武汉 ：武汉理工大学出版社，2024.6. -- ISBN 978-7-5629-7111-5

Ⅰ. TS452

中国国家版本馆 CIP 数据核字第 2024MX3725 号

XianWeiSu CaiLiao Zai LüBang LingYu De YingYong YanJiu

纤维素材料在滤棒领域的应用研究

项目负责人:雷红娟　　**责任编辑**:雷红娟

责任校对:王兆国　　**排版设计**:芳华时代

出版发行:武汉理工大学出版社(武汉市洪山区珞狮路 122 号　邮编:430070)

http://www.wutp.com.cn

经销者:各地新华书店

印刷者:武汉兴和彩色印务有限公司

开　本:710mm×1000mm　1/16

印　张:10.25

字　数:129 千字

版　次:2024 年 6 月第 1 版

印　次:2024 年 6 月第 1 次印刷

定　价:45.00 元

凡购本书,如有缺页、倒页、脱页等印装质量问题,请向出版社发行部调换。

本社购书热线电话:027-87391631　87664138　87523148

前　言

烟用滤棒是烟支的重要组成部分，可有效过滤烟气粒相物，同时可以部分截留烟气中的焦油、烟碱等有害物质，从而缓解吸烟与健康的矛盾。世界上最早出现的滤嘴卷烟是1931年本森·海格公司生产的以纸为滤嘴的“议会”(Parliament)牌卷烟。目前广泛使用的醋酸纤维滤嘴则出现于19世纪50年代，美国布朗和威廉森生产的“总督”(Viceroy)牌卷烟中最先使用了以醋酸纤维为滤材的滤嘴。此后不到50年的时间，滤嘴卷烟在全球普及，无嘴香烟的生产已寥寥无几。

烟气截留效果取决于烟用滤棒的材料和结构，常用的过滤材料主要有醋酸纤维、聚丙烯纤维、Lyocell纤维、纸等。随着消费者健康意识不断提升，市场需求越来越多元化，滤棒创新成为撬动烟草行业创新发展的重要杠杆。烟草企业通过大胆尝试新的滤棒材料，不断寻找新机遇，将滤棒创新转化为市场竞争力，以创新驱动发展。

专利文献作为技术信息最有效的载体，囊括了全球90%以上的最新技术情报，包含了世界科技信息的90%～95%。本书基于专利大数据，调查了纤维素材料在滤棒领域的应用现状，对各类纤维素材料的技术发展趋势、应用工艺及技术方案进行了研究。本书中的观点将有力地服务于烟草行业，为滤棒技术的研发工作提供助力。

由于本书中专利文献的数据采集范围和专利分析工具的限制，加之研究人员水平有限，书中数据、结论和建议仅供借鉴参考。

编　者

2024年4月

目　录

1　纤维素滤棒行业发展环境调查

1.1　概　　述

卷烟滤嘴作为卷烟产品的重要组成部分，在实现卷烟降焦减害中起着重要作用。如图 1-1 所示，卷烟滤嘴由滤棒和成形纸组成，并通过接装纸（也称水松纸）与烟支复合在一起，其中的滤棒是指以过滤材料为原料经加工卷制而成的具有过滤性能的特定长度的圆形棒，在卷烟滤嘴中起过滤烟气、降低焦油量的作用。

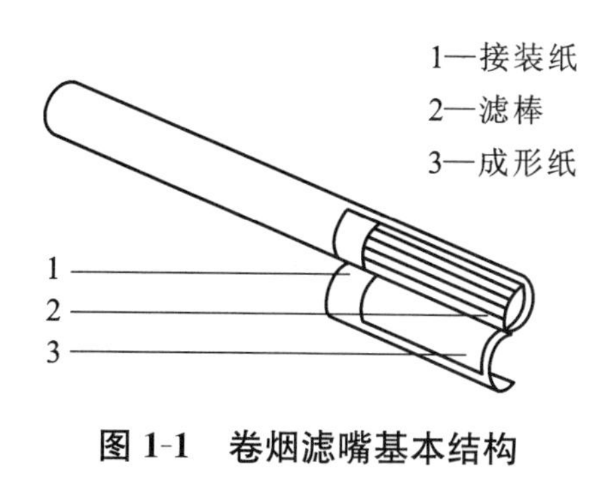

图 1-1　卷烟滤嘴基本结构

1.2　市场环境

1）全球卷烟市场稳健增长，滤棒需求保持增长态势

（1）全球 80 亿人口中约有 15 亿烟民，近 1/4 的成年人吸烟

目前全球大约有四分之一的成年人吸烟或者偶尔吸烟，即全世界 80 亿人口中约有 15 亿烟民，烟草的需求量巨大。根据 Our

World in Data 的数据，对 2020 年全球前 50 大人口国家的 15 岁及以上的男性[①]和女性[②]烟民比例进行统计，结果显示，印度不仅是当今世界的最大人口国，同时也是目前全世界的最大烟民国，大约有 3.8 亿烟民。中国在人口总量与印度基本相同的情况下，烟民数量仅次于印度，大约有 3.6 亿。

国家卫健委发布的《中国吸烟危害健康报告 2020》[③]显示，我国吸烟人群超过 3 亿，15 岁及以上人群吸烟率为 26.6%，其中男性吸烟率高达 50.5%，如此庞大的吸烟群体，为烟草行业提供了广阔的发展空间。

表 1-1　2020 年世界前 50 大人口国家的 15 岁及以上烟民数量

序号	国家	总人口	烟民总数/万	吸烟女性比例	吸烟男性比例
1	印度	14 亿	37800	13%	41%
2	中国	14 亿	36000	2%	49%
3	印度尼西亚	2.62 亿	9800	4%	71%
4	美国	3.3 亿	7600	18%	28%
5	孟加拉国	1.66 亿	5700	17%	52%
6	巴基斯坦	2.3 亿	4600	7%	33%
7	俄罗斯	1.4 亿	3800	13%	41%
8	土耳其	8500 万	2600	19%	42%
9	日本	1.3 亿	2600	10%	30%

① 数据来源：https://ourworldindata.org/grapher/share-of-men-who-are-smoking?tab=table

② 数据来源：https://ourworldindata.org/grapher/share-of-women-who-are-smoking?tab=table

③ 数据来源：中国政府网，https://www.gov.cn/xinwen/2021-05/30/content_5613994.htm

续表 1-1

序号	国家	总人口	烟民总数/万	吸烟女性比例	吸烟男性比例
10	巴西	2.1亿	2600	9%	16%
11	菲律宾	1.1亿	2500	6%	39%
12	缅甸	5500万	2420	20%	68%
13	埃及	1亿	2400	0%	48%
14	越南	9800万	2400	2%	47%
15	法国	6700万	2200	32%	35%
16	德国	8300万	1800	20%	24%
17	墨西哥	1.3亿	1700	6%	20%
18	泰国	7000万	1500	3%	41%
19	意大利	5900万	1400	20%	27%
20	西班牙	4700万	1300	27%	29%
21	南非	6000万	1200	6%	34%
22	刚果	9000万	1200	3%	23%
23	乌克兰	4400万	1100	12%	40%
24	阿根廷	4600万	1100	20%	29%
25	伊朗	8500万	1100	3%	24%
26	韩国	5200万	1000	6%	36%
27	英国	6700万	1000	14%	17%
28	尼泊尔	3000万	915	13%	48%
29	波兰	3800万	910	20%	28%
30	阿尔及利亚	4400万	900	1%	41%
31	阿富汗	4000万	900	7%	39%
32	马达加斯加	2800万	780	13%	43%
33	伊拉克	4100万	760	2%	35%

续表 1-1

序号	国家	总人口	烟民总数/万	吸烟女性比例	吸烟男性比例
34	马来西亚	3300 万	740	1%	44%
35	尼日利亚	2.1 亿	740	0	7%
36	肯尼亚	5500 万	630	3%	20%
37	也门	3000 万	600	8%	32%
38	埃塞俄比亚	1.2 亿	600	1%	9%
39	摩洛哥	3700 万	530	1%	28%
40	坦桑尼亚	6100 万	520	3%	14%
41	沙特阿拉伯	3500 万	500	2%	26%
42	加拿大	3800 万	500	11%	15%
43	莫桑比克	3200 万	460	6%	23%
44	哥伦比亚	5100 万	430	5%	12%
45	乌干达	4700 万	400	4%	13%
46	科特迪瓦	2700 万	260	1%	18%
47	秘鲁	3300 万	260	3%	13%
48	喀麦隆	2700 万	190	1%	13%
49	加纳	3200 万	110	0	7%
50	瑙鲁	1.3 万	0.6	49%	47%

(2)全球卷烟市场持续增长,滤棒需求热度得以维持

1951 年,美国布朗和威廉森烟草在“总督”(Viceroy)牌卷烟中使用醋酸纤维滤嘴,开启了滤棒卷烟时代。1954 年,英国皇家医学会发表了“吸烟与健康”报告,世界性吸烟与健康的争论不断升级,加速了滤嘴卷烟的发展。1976 年,滤嘴卷烟已达到世界总产量的 40%左右,20 世纪 80 年代末,主要卷烟生产国的滤嘴卷烟平均已达 85%左右,其中日本、英国为 98%,美国、原联邦德国为 95%,韩

国、埃及、阿根廷等国家已达100%。

相比国外市场，我国滤嘴卷烟生产起步较晚，20世纪70年代，青岛卷烟厂生产的“大前门”牌卷烟开始接装纸质滤嘴。到20世纪80年代初，我国只有3%左右的卷烟产品接装了滤嘴；1990年，这一数据上升到50%，1996年末达到了93%，1998年已经达到97.3%。

2022年，我国卷烟的产量为24321.5亿支（约4860万箱），较上年增加了139.1亿支，同比增长0.6%，产量连续四年增长。从增速来看，我国近年的卷烟产量增速保持在一个相对稳定的水平，2019—2022年的平均增速为1.0%。国内外卷烟市场总体呈现稳健态势，使得滤棒的需求热度不减。

表1-2为2022年卷烟销量超百万箱、销售额超百亿美元的国家。

表1-2　2022年卷烟销量超百万箱、销售额超百亿美元的国家[①]

排名	国家	销量/万箱	增速/%	排名	国家	销售额/亿美元	增速/%
1	印度尼西亚	595.0	4.3	1	美国	989.9	0.4
2	美国	395.2	-7.3	2	印度尼西亚	348.6	12.2
3	俄罗斯	359.8	-7.2	3	德国	299.1	3.6
4	土耳其	251.7	0.6	4	日本	245.7	7.9
5	埃及	224.8	3.8	5	意大利	207.0	4.3
6	日本	185.1	-1.8	6	英国	202.5	2.7
7	越南	168.4	2.9	7	法国	195.3	-2.9
8	印度	163.4	6.8	8	土耳其	158.6	40.1

① 数据来源：国家烟草专卖局，http://www.tobacco.gov.cn/gjyc/tjxx/202306/52f01a41e60345d5a2aca237e5802008.shtml

续表 1-2

排名	国家	销量/万箱	增速/%	排名	国家	销售额/亿美元	增速/%
9	孟加拉国	162.1	10.0	9	俄罗斯	154.1	−18.2
10	德国	138.3	−3.7	10	韩国	141.8	3.0
11	韩国	128.5	−1.0	11	澳大利亚	138.5	2.0
12	意大利	117.1	−2.8	12	印度	131.9	8.1
13	巴西	113.3	3.4	13	西班牙	124.8	6.2
14	巴基斯坦	111.5	−7.6	14	加拿大	124.8	−2.7
15	波兰	103.1	13.1	15	波兰	104.8	15.4
16	伊拉克	102.8	3.1	16	—	—	—

2)滤棒市场竞争加剧,创新成为打造强劲市场竞争力的关键

(1)国外市场被四大巨头垄断,国内市场中烟一家独大

目前,国外烟草制品呈现比较明显的寡头垄断格局,市场集中度很高。其中在卷烟市场上,菲莫国际、英美烟草、日本烟草和帝国烟草四大跨国烟草公司垄断了全球除中国以外约 70%的卷烟市场。其中,菲莫国际约占 25%,市场份额最大;英美烟草总体市场份额在 19%左右,日本烟草和帝国烟草的市场份额分别在 14%和 7%左右。① 从国内市场来看,由于我国对烟草行业实行垄断性经营,市场准入制度严格,国外烟草品牌极少进入我国市场,中国烟草总公司由国务院 100%持股,市场上形成了中烟一家独大的格局。

(2)市场竞争日益激烈,国内外滤棒厂商积极开发特色产品

除各家卷烟企业的滤棒车间外,国内外还有一批专业的滤棒生产企业。国外以 Essentra(益升华)、株式会社大赛璐、伊斯曼化

① 数据来源:2018 年全球烟草市场竞争格局与发展趋势,烟草在线、前瞻网,http://www.tobaccochina.com/guoji/shichangdt/20192/2019212154258_780217.shtml

工公司、塞拉尼斯公司、菲利根有限公司、Nemuno Banga、三菱丽阳株式会社、ADR Filter 和 FILPAK 等为代表。

国内包括上海白玉兰烟草材料有限公司、南通烟滤嘴有限责任公司、南通醋酸纤维有限公司、蚌埠卷烟材料厂、芜湖卷烟材料厂、牡丹江卷烟材料厂、滁州卷烟材料有限公司、四川三联新材料有限公司、陕西省卷烟材料有限公司、云南瑞升烟草技术有限公司、珠海醋酸纤维有限公司、牡丹江卷烟材料厂有限责任公司、焦作市卷烟材料有限公司、江苏大亚滤嘴材料有限公司、重庆华福卷烟配套材料有限责任公司以及云南中烟新材料科技有限公司等。

①益升华(Essentra)

益升华具有系列滤棒产品，例如根据功能分类的加香滤棒和减害滤棒；根据结构特点分类的沟槽滤棒、塑形滤棒、凹槽滤棒和同轴芯滤棒等；根据填充过滤材料分类的单段的纸质滤棒、纸段和醋酸纤维素的二元复合滤棒，以及采用化学黏合剂的黏合纤维滤棒等。

②南通烟滤嘴有限责任公司

南通烟滤嘴有限责任公司创建于 1981 年，隶属于江苏中烟工业有限责任公司，是国家烟草专卖局定点的专业化滤嘴生产研发企业，是我国最早从事烟滤嘴生产的企业之一，也是全国最早使用醋酸纤维丝束生产出烟用滤嘴的厂家。该公司主要生产普通醋酸纤维滤棒、细支醋酸纤维滤棒、中支醋酸纤维滤棒、醋酸纤维纸质滤棒、活性炭纸质滤棒等不同材料的滤棒产品。

③四川三联新材料有限公司

四川三联新材料有限公司始建于 1988 年，是四川中烟工业有限责任公司控股的烟草行业全资企业。该公司产品主要用于四川中烟工业品牌及对外合作品牌，具体包括普通醋酸纤维滤棒、纸质滤棒、二元复合滤棒等不同材料的滤棒产品。

④焦作市卷烟材料有限公司

焦作市卷烟材料有限公司成立于1987年，是专业生产烟用滤棒的定点企业、全国烟草配套材料会员单位。按照滤棒的核心滤材分类，该公司主要产品包括：聚丙烯纤维滤棒、常规醋酸纤维滤棒、活性炭复合滤棒、纸质滤棒、纸质复合滤棒等。

⑤牡丹江卷烟材料厂有限责任公司

牡丹江卷烟材料厂有限责任公司始建于1984年，主要从事烟用特种滤棒的研发，是中国烟草总公司生产经营卷烟滤棒的定点企业。按照滤棒的核心滤材分类，该公司产品包括纸质复合滤棒、二元复合滤棒、三段式三元复合滤棒等。

1.3 政策环境

(1)全球“降焦令”对滤棒过滤性能的要求越来越高

烟焦油指吸烟者使用的烟嘴内积存的一层棕色油腻物，焦油的不完全燃烧能产生众多的致癌物质。烟品焦油含量指香烟中焦油的含量，用mg/支表示，是用于评价卷烟安全性的重要指标之一。目前，国际上公认含焦油含量在15mg/支以下为安全烟，具体执行标准，各国略有不同。从20世纪70年代开始，越来越多的国家通过了香烟中焦油和尼古丁含量的严格法律。

美国是低焦油卷烟研发与销售最早的国家。美国联邦贸易委员会(FTC)测试卷烟中尼古丁和焦油(tar)的含量，将每支卷烟焦油含量低于15mg的卷烟统称为低焦油卷烟(low tar)，焦油含量在1～6mg的卷烟称超柔(ultra light)卷烟；6～15mg的卷烟称为柔(light)卷烟；焦油含量超过15mg的卷烟统称为普通卷烟。美国在20世纪50年代，卷烟的焦油量为35mg/支。自1984年起，卷烟平均焦油量已降到12.5mg/支。20世纪80年代以来，焦油量低于6mg/支的超低焦油卷烟的市场份额逐渐增加，已由1986年的10.1%增加到1995年的约12%。美国的低焦油卷烟研发与销售走在了全球低焦油卷烟发展的前列，是低焦油卷烟发展的“先行者”；目前，美国国内卷烟平均焦油含量均不超过12mg/支。

欧盟也是低焦油卷烟发展较为成熟的地区。20世纪90年代，欧共体制定了“卷烟焦油量指令”，以立法形式规定欧盟成员国自1993年1月1日起禁止销售焦油量高于15mg/支、烟碱量高于1.5mg/支的卷烟；自1998年1月1日起禁止销售焦油量高于12mg/支、烟碱量高于1.2mg/支的卷烟。最新的规定是自2004年起，卷烟盒标焦油量不得高于10mg/支，烟气烟碱量不得高于1mg/支，烟气一氧化碳量不得高于10mg/支。

日本是亚洲低焦油卷烟研发与销售最早的国家，并且是低焦油卷烟发展速度最快的国家。日本卷烟市场的低焦时代开始于20世纪80年代晚期，到1992年超低焦产品已成为发展最快的产品。在20世纪90年代初期，日本国内要求在卷烟烟盒上印制“吸烟有害健康”的警示标志之后，低焦油卷烟就逐渐被国内消费者所接受；目前，日本国内卷烟平均焦油含量更是控制在了8mg/支以下。

除此之外，世界上还有一些国家或地区也强行规定了卷烟焦油量最高限度，如韩国规定上市销售的卷烟焦油量必须在7mg/支以下；1995年，澳大利亚规定所有卷烟的焦油量均不得超过16mg/支，2012年修改的《烟草产品法》规定，每支烟草产品的焦油量不得超过10mg；海湾国家规定自2000年起禁止销售焦油量高于10mg/支的卷烟。①

---

①　赵峰. 6毫克及以下低焦油卷烟的消费者行为分析与品牌培养策略研究[J]. 科技视界. 2013(34):54-56.

(2)中国卷烟“降焦减害”,盒标焦油量限值向发达国家靠近

相比于国外,中国烟草开展低焦油卷烟研制要晚将近10年。但近20年来,国家烟草局把卷烟降焦减害作为一项政策摆在重要位置,积极实施降焦减害战略。2003年,《中国卷烟科技发展纲要》明确提出了“高香气、低焦油、低危害”的中式卷烟发展方向;2005年,降焦减害被列入烟草行业四大战略性课题;2006年,《烟草行业中长期科技发展规划纲要》将降焦减害确定为行业科技创新的八个重点领域之一;2008年,国家烟草局出台了《关于进一步推进卷烟降焦减害工作的意见》。一系列的政策措施,彰显的正是行业对降焦减害工作的态度和决心。

在2001—2012年间,国家烟草专卖局陆续实施新规以降低卷烟标准焦油量:2001年后生产的烟盒标示焦油量大于17mg/支的卷烟不得进入全国烟草交易中心交易;从2001年开始,全国卷烟平均焦油量每年要降低0.5mg/支,到2005年达到平均12mg/支左右;2003年,国家烟草专卖局提出了中式卷烟的发展方向,国内卷烟发展的重要目标之一就是高香气、低焦油、低危害;随后至2011年,国家烟草局多次调整卷烟盒标焦油量限值,单支卷烟最高盒标焦油量从15mg/支→13mg/支→12mg/支→11mg/支,持续降低。具体如下:

2004年1月9日,国家烟草专卖局公布《关于调整卷烟焦油限量要求》,通知规定:2004年7月1日以后生产的盒标焦油量在15mg/支以上的卷烟不得进入市场销售,2004年7月1日以后生产的盒标焦油量高于15mg/支的卷烟,在卷烟产品质量监督检查中,被判为不合格产品。

2008年4月,国家烟草专卖局印发了《国家烟草专卖局关于调整卷烟盒标焦油最高限量的通知》,明确要求:自2009年1月1日起生产的盒标焦油量在13mg/支以上的卷烟产品不得在境内市场

销售。

2010 年 3 月，国家烟草专卖局下发了《国家烟草专卖局关于调整卷烟盒标焦油最高限量的通知》，要求：自 2011 年 1 月 1 日起生产的盒标焦油量在 12mg/支以上的卷烟产品不得在境内市场销售，此规定同样适用于进口卷烟产品。

2012 年 4 月，中国烟品焦油含量调整为 11mg/支，并规定：自 2013 年 1 月 1 日起生产的盒标焦油量在 11mg/支以上的卷烟产品不得在境内市场销售，自 2013 年 1 月 1 日起盒标焦油量在 11mg/支以上的卷烟产品不得进口，在卷烟产品质量监督检查中，2013 年 1 月 1 日以后生产的盒标焦油量高于 11mg/支的卷烟，将被判定为不合格产品。[①]

(3)联合国“限塑及降塑令”对滤棒材料提出新的挑战

2019 年 3 月，欧洲议会以压倒性票数通过一项法案，规定自 2021 年起将全面禁止欧洲联盟成员国使用一次性吸管、一次性餐具和棉花棒等一次性塑料制品。其中二醋酸纤维素制作的卷烟滤嘴因降解速度较慢，被定义为“一次性塑料制品”。

根据 2019 年 6 月 5 日欧洲议会和理事会《关于减少某些塑料制品对环境影响的指令(EU)2019/904》，委员会出台了《关于一次性塑料制品的指南》。指南要求，对一些无替代物的塑料制品，欧洲联盟成员国应在 2025 年前将其使用量降低 25%，含有塑料的香烟滤嘴使用量降低 50%。

除欧洲联盟成员国外，同样出于“难以降解”的原因，美国、泰国等国家已实施了沙滩法案，在海滩附近的区域禁烟，印度也全面实施了禁塑令。在我国，吉林、河北、海南等省份已经以地方性法

---

① 数据来源：中华人民共和国商务部，http://www.mofcom.gov.cn/article/b/g/201206/20120608163450.shtml? from=singlemessage

规的形式试点禁塑，秦皇岛市于2019年8月1日率先实施在室内公共场所、公共交通工具、海滨浴场、沙滩等场所全面禁烟。

基于上述背景，未来在国家层面乃至全球层面，可能会有一只"看得见的手"，从宏观层面而非技术性地对基于二醋酸纤维素滤棒体系的成型设备技术发展趋势做出干预。因此，聚乳酸、纸质、改性二醋酸纤维素等易降解新滤材的研发，新滤材的喷丝集束（或其他加工方式）工艺和设备，非丝束或新丝束（或其他形式的滤材）的滤棒成型工艺和设备，将面临重大的转折与创新。

二醋酸纤维成棒后的压降相对稳定，抽吸杂气较轻、体验感好；且在世界范围内拥有多年的规模化生产经验，圆度、硬度、外观等指标相对易于控制；配套的增塑剂即三醋酸甘油酯的应用工艺成熟，对烟气苯酚类物质还有定向去除的功能，一旦更换全新的滤材，势必直接影响滤棒、卷烟的产品标准和安全性标准等。

（4）中共中央、国务院印发《"健康中国2030"规划纲要》，全面推进控烟履约

2016年10月，中共中央、国务院印发的《"健康中国2030"规划纲要》中，倡导塑造自主自律的健康行为，全面推进控烟履约，加大控烟力度，运用价格、税收、法律等手段提高控烟成效。同时深入开展控烟宣传教育，积极推进无烟环境建设，强化公共场所控烟监督执法。推进公共场所禁烟工作，逐步实现室内公共场所全面禁烟。领导干部要带头在公共场所禁烟，把党政机关建成无烟机关。强化戒烟服务，到2030年，15岁以上人群吸烟率降低到20%。

2021年，国家进一步发布相关控烟举措，鼓励在公共场所实行全面禁烟。因此持续宣传吸烟危害、加强控烟戒烟工作、保障国民身体健康，已然势在必行。基于吸烟所带来的各种危害，我国先后出台各类法规来控制吸烟人群，其中最为典型的就是禁止在公共场所吸烟。近些年，我国人群吸烟率呈现下降趋势，但仍然维持在

较高水平。据各地成人烟草流行调查结果显示，2020 年，上海市和西藏自治区 15 岁及以上人群吸烟率小于 20%，云南省和贵州省高于 30%，18 省份位于 20%～24.9%之间，9 省份位于 25%～29.9%之间。[①]

(5)国内出台系列法规政策，加强纤维素丝束和滤棒生产交易管控

在我国，烟用纤维素丝束和滤棒等均属于生产交易受严格管控的产品。《中华人民共和国烟草专卖法实施条例》第七章第三十六条规定，烟草专卖批发企业和烟草制品生产企业只能从取得烟草专卖生产企业许可证的企业购买卷烟纸、滤棒、烟用丝束和烟草专用机械；卷烟纸、滤棒、烟用丝束、烟草专用机械的生产企业不得将其产品销售给无烟草专卖生产企业许可证的单位或者个人。第三十八条规定，任何单位或者个人不得销售非法生产的烟草专用机械、卷烟纸、滤棒及烟用丝束；淘汰报废非法拼装的烟草专用机械，残次的卷烟纸、滤棒、烟用丝束及下脚料，由当地烟草专卖行政主管部门监督处理，不得以任何方式将其销售。

2019 年，国家烟草专卖局下发的《关于建设现代化烟草经济体系推动烟草行业高质量发展的实施意见》中，对烟草配套产业布局提出明确要求，对烟用丝束"严格控制产能规模，原则上不再新建、扩建丝束产能。"提出"持续提升行业内卷烟纸生产企业技术创新能力，稳定市场供应，强化质量保障"。从烟用物资产业现状和行业产业政策要求、专卖监管工作实际情况出发，对于产能已经过剩和严重过剩的烟用物资产业，都不宜再新办生产企业许可证。通

---

①　数据来源：中国疾控动态公众号，2020 年各地 15 岁及以上人群吸烟率数据图 https://mp.weixin.qq.com/s?__biz=MzA3MzU2MzIwMg==&mid=2650703746&idx=1&sn=0fa966376cbc67e40007e833b179c2ea&chksm=87070aafb07083b9f5324dd153ed2fcb9959dd3cd0dcc6d46022016ec0bd9c4137755247b54d&scene=27

过“去产能”解决烟用物资产业产能过剩问题，符合国家供给侧结构性改革要求，也符合国家高质量发展要求。

为规范烟草专卖行政许可，贯彻落实供给侧结构性改革要求，合理引导社会投资，防范化解产能过剩问题，2020年12月，国家烟草专卖局针对卷烟纸、滤棒、烟用丝束生产企业许可证审批下发《国家烟草专卖局关于卷烟纸和滤棒及烟用丝束生产企业许可证审批有关事项的通知》，通知要求：(1)烟用二醋酸纤维素及丝束项目需经国家烟草专卖局核准。经核准同意的企业，按《烟草专卖许可证管理办法》(工业和信息化部令37号)的规定，向所在地省级烟草专卖局提出烟草专卖许可证申请。(2)严格控制卷烟纸、烟用醋酸纤维滤棒市场准入。除确有重大技术创新，填补国内空白，拥有国际领先的生产技术、生产工艺，产品具有明显的经济技术优势的，原则上不再新办从事卷烟纸、烟用醋酸纤维滤棒生产及委托加工的烟草专卖许可证。(3)烟用聚丙烯丝束和烟用聚丙烯滤棒属于落后产品且产能已严重过剩，今后不再新办从事烟用聚丙烯丝束、烟用聚丙烯滤棒生产及委托加工的烟草专卖许可证。

1.4 技术环境

烟用滤嘴的工业化起源于1930年，彼时，将棉纤维作为过滤填充材料应用于卷烟产品中，但用时不长。1936年，纸质滤嘴上市，但发展缓慢，存在抽吸体验感不佳的问题。1953年，醋酸纤维作为过滤材料被应用于香烟行业；1954年，醋酸纤维滤嘴占到卷烟滤嘴市场的9%；到1979年，醋酸纤维滤嘴占到卷烟用滤嘴市场总量的92%。1958年，活性炭复合材料应用于卷烟滤嘴，开启了功能化滤嘴时代。20世纪70年代末，聚丙烯丝束于美国、捷克上市，并应用于香烟滤嘴的滤棒材料;1989 年,聚丙烯丝束在国内烟草行业投入使用并产业化。[①] 近几年,兼顾醋酸滤嘴与纸质滤嘴共同特点的醋酸纸滤嘴也在逐渐产业化,并有含天然植物颗粒、高分子化合物、介孔材料等功能性添加剂的新型滤嘴投入市场,以满足消费者的不同需求。

随着经济的发展和社会的进步,以及世界反烟运动的日益高涨、消费者对吸烟与健康及环境保护的关注增强。应消费者及卷烟行业长远发展的要求,降焦减害及环境保护成为国内外烟草业的发展趋势,市场对卷烟的要求越来越高,烟草业面临的压力越来越大。如何使卷烟有害成分显著降低,且使抽吸后的废弃物——滤嘴快速降解,同时又保持卷烟吸味以使消费者得到生理满足,是卷烟设计面临的最大挑战,而滤棒材料的改性是其中的研究重点之一。

1.4.1 基于滤材的滤棒类型

卷烟滤棒材料包括过滤材料和成形材料两大类。其中过滤材料对主流烟气起过滤作用,常用的有醋酸纤维丝束、聚丙烯纤维丝束、纯纤维纸或皱纹纸、活性炭以及海泡石等吸附材料。成形材料主要有滤棒成形纸、增塑剂、黏合剂等。根据过滤材料分类,市场上用到的滤棒主要可分为纸质滤棒(如木浆纸、麻浆纸和竹浆纸等)、醋酸纤维滤棒、聚丙烯纤维滤棒和活性炭纤维滤棒。

(1)纸质滤棒

纸质滤棒(PW 滤棒)所用的滤材主要有两种[②]:一种为由干法

---

① 王健,刘文,朝鲁门,等.烟用滤嘴棒功能化改进及填充纸的技术发展[J].中国造纸.2023,42(02):102-109.

② 谢兰英,刘淇.卷烟纸降低卷烟烟气有害成分的研究进展[J].纸和造纸.2008,29(4):33-35.

膨化工艺抄造的膨化纸，经过开松、黏合、干燥制成纸片，再卷成纸质滤棒；另一种是通过湿法成形后起皱（即压纹）的皱纹纸，原纸经过回潮、压纹干燥、成形得到滤棒。这两种材料的制造方法不同，性能和用途也有区别。这两种材料所用原料主要为木浆、麻浆、竹浆纤维等。

相比于醋酸纤维滤棒，纸质滤棒的应用历史更加悠久。20世纪20年代，纸质滤嘴在英国烟草市场兴起，在20世纪30年代即应用于商业卷烟产品，在20世纪六七十年代，英国生产的所有卷烟都使用双滤嘴，在滤嘴末端还有一层装饰纸。相对于醋酸纤维滤棒而言，纸质滤棒突出的优点是具有更强的可生物降解性、成本较低，过滤压降相同时对烟气中焦油和烟碱的截留效率更高。

尽管纸质滤棒在经济、降焦减害及生态环保方面具有这些突出优点，但从其出现至今，纸质滤棒尚未能广泛应用于卷烟行业中，尤其是在醋酸纤维滤棒产生之后，纸质滤棒的应用更加受限。这主要是由于纸质滤棒具有一些不可忽略的缺点。如表1-3所列，这些缺点主要体现在：纸质滤棒具有较高的吸湿性，容易受潮软化、弹性不良，因此在抽吸过程中易发生热塌陷，使得其在应用过程中发生压缩形变，吸阻增大，造成吸烟者抽吸困难；相对于醋酸纤维滤棒，纸质滤棒容易吸附烟气中的致香成分，且使烟气中出现“纸味”，抽吸口感干涩，严重影响了卷烟的抽吸体验，从而对卷烟的抽吸品质带来负面影响；再者，纸质滤棒对烟气中酚类物质的截留能力低于醋酸纤维，大约低20%。

综合环保、经济和健康三方面考虑，纸质滤棒逐步取代醋酸纤维滤棒具有十分重要的意义。同时使用纸质滤棒还可以拓展天然植物纤维的应用范围，并缓解目前我国烟用醋酸纤维丝束供给紧张的状况。过去几十年里，国内主流企业和研发机构未中断相关研究，其中中国制浆造纸研究院、湖北中烟公司等企业开展了纸质滤棒及其原纸方面的研究开发，但进展较为缓慢。到目前为止，纸质滤棒产品在国内市场上依旧未得到卷烟企业的广泛认可。

表 1-3 纸质滤棒的主要优缺点

序号	主要优点	主要缺点
1	压降小	容易受潮软化、弹性不良
2	对焦油和烟碱截留效率较高	吸附能力不稳定，偏差较大
3	成本低	截留酚类物质的能力比醋酸纤维低 20%左右
4	降解性能好	白度较低、热塌陷
5	材料本身安全健康	容易吸附烟气中的致香成分
6	/	会使烟气带有纸质气味

(2)醋酸纤维滤棒

醋酸纤维是以棉花纤维、木材纤维为原料乙酰化后再经纺丝工艺纺制得到的纤维，根据其酯化度不同，细分产品包括一醋酸纤维素 MCA、二醋酸纤维素 CA 和三醋酸纤维素 TCA，其中二醋酸纤维素 CA 经抽丝后得到的丝束，具有无毒无味、吸湿性好、抗静电，具有良好的弹性和尺寸稳定性，还能对某些物质有很好的吸附特性等，是目前公认的最理想的过滤材料，也是当今世界上生产香烟过滤嘴的主要原料。

图 1-2 所示为二醋酸纤维滤棒(CA 滤棒)的生产工艺，木浆、棉浆、麻浆等浆粕经催化酯化反应后得到醋酸纤维素 CTA，醋酸纤维素 CTA 进入水解器水解至结合醋酸的质量分数为 54%～55%，生成二醋酸纤维素 CDA(二醋片)，二醋片加入丙酮等混合形成黏性纺丝液，纺丝液经浆液过滤后从喷丝头喷入纺丝甬道固化成丝条，后经干法纺丝成型为纤维素丝束，丝束开松后进入滤棒成型机组结合滤棒黏合剂形成长条形滤棒。多年来由于市场的认

可和商业需要，国内外已开发出了多种规格的醋酸纤维丝束，其纤度范围从 1.5～5.0dPf 不等，从而可以生产出不同压降、不同截留性能的滤棒产品。通常，纤度越低，纤维越细，生产的滤棒的过滤效率就越高。

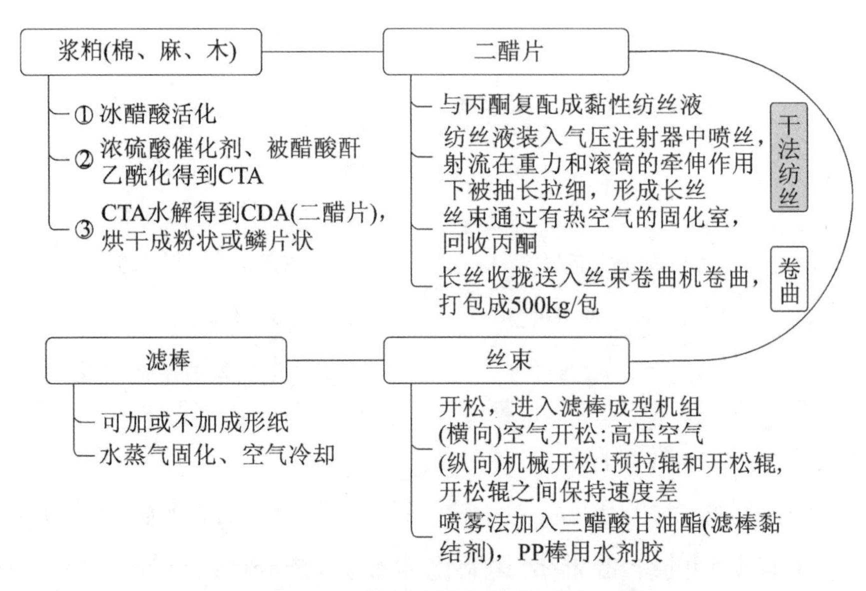

图 1-2　二醋酸纤维滤棒的生产工艺

在 20 世纪 50 年代，Willlamson 等首次采用了醋酸纤维作为卷烟滤棒的过滤材料[①]，1950 年，美国伊斯曼柯达公司首先将二醋酸纤维应用于香烟滤嘴的工业化生产，由于二醋酸纤维滤嘴在降焦减害中发挥出显著作用，且具有不改变香烟口感等明显优势，因而得到大规模应用。目前国内外 90％以上的滤嘴的过滤材料都使用二醋酸纤维[②]，远超其他类型的过滤材料。但醋酸纤维滤材也有其突出缺点，如资源有限、原材料要求严格、工艺复杂、投资大、流程长等，更为突出的是其在制备过程中，纤维素分子链上的羟基被

---

① 李静，任继春.香烟滤嘴用纤维材料[J].黑龙江造纸.2005(4):40-41.

② 杨琳，杨超.我国卷烟材料技术现状与发展趋势[J].轻工科技.2019，35(02):33-35＋37.

乙酰化，因而性质稳定、很难降解，对自然环境造成危害。

表 1-4 所示为二醋酸纤维滤棒的主要优缺点，作为卷烟滤嘴材料，醋酯纤维热稳定性好，能有效地截留卷烟中的焦油和其他有害颗粒而不改变烟的口感，而且成丝性能优越，易于加工、生产效率高。然而，由于纤维素分子链上的羟基被乙酰化，醋酯纤维素的性质十分稳定，存在难以降解的问题。研究表明，传统的醋酸纤维素滤嘴需要 10～15 年才能完全降解。在联合国 2019 年出台的《关于减少某些塑料制品对环境影响的指令（EU）2019/904》中，二醋酸纤维素材料制作的卷烟滤嘴因降解速度较慢而被定义为“一次性塑料制品”，欧盟规定其成员国应在 2025 年前将其使用量降低 25％。

表 1-4 醋酸纤维素材料滤嘴滤棒的主要优缺点

序号	主要优点	主要缺点
1	无毒、无味	不能吸附醛类化合物
2	耐油耐冲击	原料资源有限、原材料要求严格
3	吸附力强	工艺复杂、流程长
4	不带静电、吸阻小	投资大、有机溶剂回收复杂等
5	能吸附烟气中有害物质	需进口，成本高
6	外形美观	醋酸酯化以后，难以降解

此外，由于卷烟产生的主流烟气成分种类多，且其成分复杂，还有很多没有被检测出来的物质，然而，目前使用的醋酸纤维滤棒的过滤效果有待提高，大部分有害物质还是不能有效除去，因此，对醋酸纤维丝束的研究仍然具有重要的现实意义，也一直是卷烟材料研究领域的重点方向。此外，烟草领域的国内外头部企业和科研机构也还在积极寻找可以完全替代醋酸纤维的新型过滤材料。

(3)聚丙烯纤维滤棒

20世纪70年代末,欧美等国家已将聚丙烯丝束作为卷烟滤嘴材料。当今世界香烟滤嘴材料虽然以二醋酸纤维为主,但由于醋酸纤维原料资源有限、生产工艺繁琐、成本高等因素的限制,聚丙烯纤维成为醋酸纤维的优良替代品[①],包括改性的聚丙烯纤维和未改性的聚丙烯纤维两种。

聚丙烯纤维的生产方法是将聚丙烯切片在挤压中熔融、纺丝,然后将纤维进行表面处理。聚丙烯纤维具有密度小、强度高、伸长率大、回潮率低、化学性能稳定、熔点低等特点,其性能符合烟用滤材的要求,除对劣质卷烟主流烟气中的酚类物质吸附量不如醋酸纤维以外,其口感和过滤效果与二醋酸纤维基本相似。另外,用聚丙烯纤维制作的香烟滤嘴截留烟气中的自由基的效果优于二醋酸纤维。除此之外,聚丙烯纤维的生产成本及销售价格比二醋酸纤维的低,仅为醋酸纤维的30%～40%。但聚丙烯纤维存在成棒率低、滤嘴接装率和硬度低、气阻小等缺点,综合性能较差,常用于二类以下烟的接装。再者,聚丙烯纤维同样存在难以降解的问题。聚丙烯纤维滤棒的主要优缺点如表1-5所示。

表1-5　聚丙烯纤维滤棒的主要优缺点

序号	主要优点	主要缺点
1	密度小	成棒率低
2	强度高、伸长大	气阻小
3	回潮率低、手感硬	对焦油截留率低
4	化学性能稳定、熔点低	综合性能差,用于低档卷烟
5	可有效截留烟气中的自由基	可纺性比较差,很难获得细旦丝
6	价格便宜	难以降解

① 李宏伟,蔡强,龚红.烟用聚丙烯丝束[J].化工技术经济.1997,(5):41.

(4)活性炭纤维滤棒

活性炭中的碳含量超过90%,此外它还有少量的氢、氧及硅、钾、钠、铝的氧化物。活性炭无毒、无味,是一种高比表面积、多孔隙结构物质,难溶于有机溶剂和水,耐酸碱、高温、高压,其性质稳定。活性炭较高的比表面积使其具备优异的吸附性能,以此为过滤材料的活性炭滤棒能吸附主流烟气中40%的CO和CO_2、80%的HCN、70%的丙烯醛和苯。其吸附能力由两方面因素决定:表面结构特性决定其物理吸附能力;表面化学特性决定其化学吸附能力。①

20世纪60年代,美国首先将活性炭制成卷烟过滤棒,后来,欧美许多烟草公司紧随其后生产并销售活性炭过滤嘴卷烟,市场逐步扩大。Filtrona公司对活性炭研究较多、较深入,相继推出多种活性炭过滤嘴及多功能、多类型的活性炭片滤嘴等。目前,国外市场正在越来越多地使用活性炭过滤嘴,由于活性炭吸附能力强,吸附了大量引起烟味的物质,我国烟民觉得这种烟吸味平淡,而且价格昂贵,目前消费较少。②

1.4.2 滤材技术发展现状

在烟草产品的营销和包装受到越来越严格的限制下,滤嘴也就越来越受关注,滤嘴的质量、采用的新技术、独特的外观以及其他创新,都是向消费者传递信息的渠道。目前卷烟市场的潮流趋势正在转向更细的滤棒、材料也不断向过滤性能强、可快速降解等方向提升。

---

① 袁淑霞,吕春祥,李永红,等.活性炭改性对滤嘴吸附性能的影响[J].太原理工大学学报.2007,38(6):499-513.

② 许保鑫,李中昌,缪明明,等.活性炭复合滤嘴吸附性能的热脱附研究[J].分析实验室.2007,26(10):45-48.

(1)纸质滤棒改性

纸质滤棒是较早使用的一种普通纤维素纤维滤嘴,其突出的优点是相同滤嘴压降时,对烟气中焦油、烟碱截留效率比醋酸纤维滤棒高,且容易降解;但以纯木浆为原料的纸质滤棒(PW 滤棒)存在的抗水性差、弹性差、吸味差、烟气干燥及对喉部刺激感较大等缺陷,导致长期以来未能在卷烟中得到广泛应用。

随着人们对健康问题关注度的提高,卷烟降焦减害工程深入推进,具有优良降焦功能的纸质滤棒重新引起了人们的关注、受到了烟草企业的重视,国内外烟草企业纷纷将纸质滤嘴列入研究计划,部分企业已经取得阶段性成果。湖南中烟工业公司研发的纸质滤嘴已经在相关卷烟上应用。而随着消费者对吸烟与健康问题的日益关注,纸质滤嘴将在低焦油低有害成分释放量卷烟中占有一席之地。

目前,对纸质滤材的研究主要是利用醋酸纤维、含有其他化学官能团的纤维与普通纤维素纤维混合制备滤嘴原纸,然后用来制备滤嘴。Roger① 将 25%~50%的 LyOcell 纤维素纤维与 50%~75%木浆纤维制成纸质滤嘴原纸,该滤嘴能显著提高酚类过滤效率。盛培秀等②将 40%醋酸纤维素纤维和 60%纤维素纤维混合制备滤嘴原纸,压纹后制成滤嘴。结果显示,与普通醋酸纤维滤嘴相比,该滤嘴降焦效率提高 15%~41%;氨和 B[a]P(苯并[a]芘)释放量降低 10%以上,NNK 释放量降低 20%以上;感官质量与醋酸纤维滤嘴接近。陈雪峰等③将废醋酸纤维滤棒打浆后与植物纤维配抄制备纸质滤嘴填充纸(CAP 纸),用 CAP 纸制备的纸质滤嘴既

---

① ROGER C W. Cigarette filters:US, US5671757[P]. 1997-09-30.

② 盛培秀,王月江,黄小雷,等.新型天然复合材料滤棒(CAPF)的开发研究[C].中国烟草学会 2013 年学术年会论文集:432-441.

③ 陈雪峰,陈哲庆,赵涛.卷烟滤嘴棒填充纸及嘴棒性能的研究[J].中国造纸,2011(8):13-17.

有较好的吸附性能，又具有醋酸纤维良好的弹性和吸味，同时提高了过滤烟气中苯酚的效果。高鑫等[①]以木浆纤维为基体，添加特种功能纤维制备新型天然复合纸基材料，保持了纸质滤材较强的降焦能力，同时大大改善了纸质滤材的亲水性及木质气息。梅建华[②]发明了一种干法纸卷烟滤棒及其制备方法；李克等[③]发明了一种卷烟滤棒制备用的醋酸纤维涂层纸、纸质滤棒及制备方法，它是以植物纤维、人造纤维、化学纤维或其他改性纤维中的一种或几种制造的纸为原纸，在原纸的一面或两面进行醋酸纤维涂层后制造而成；马智勇等[④]开展了活性炭纤维纸的制备、结构及性能研究，采用湿法造纸工艺制备活性炭纤维纸（ACFP）；日本研究开发了多层干法膨化纸滤棒；韩国开发了预压纹纸质滤棒；美国某公司在木浆纤维中加入金属螯合物，制成称为“微蓝”的纸质滤材；法国施伟策・摩迪公司把以纸质材料为主体的滤嘴滤材的研究作为重要的研究课题之一，并已取得阶段性进展。

2014年，江苏中烟特种滤棒重点实验室联合中国制浆造纸研究院和云南瑞升烟草技术（集团）有限公司的合作的论文《含有醋酸纤维素的纤维纸及滤棒的开发与性能研究》在国内《烟草科技》杂志上发表。文中指出，为进一步发挥纸质滤棒的过滤作用、改善纯木浆纸质滤棒卷烟感官质量，在纯木浆纤维中加入一定量的二醋酸纤维素纤维，采用湿法造纸和在线干法压纹工艺，开发了一种含有醋酸纤维素的纤维纸（CAP原纸）及醋酸纤维素纤维纸滤棒

---

① 高鑫，唐荣成，盛培秀，等.新型天然复合纸基材料对滤棒成型及性能的影响[J].中国造纸学报，2012，27(4)：14-17.

② 梅建华.一种干法纸卷烟滤棒及其制备方法：中国，200610024267.X[P].2010-05-26.

③ 李克，金勇，梅挺涛，等.一种卷烟滤棒制备用的醋酸纤维涂层纸、纸质滤棒及制备方法：中国，200810143461.9[P].2009-04-15.

④ 马智勇，杨小平，王成忠.活性炭纤维纸的制备、结构及性能研究[J].北京化工大学学报：自然科学版，2000(4)：40-43.

(CAPF 滤棒),并对 CAPF 滤棒的物理指标、卷烟烟气的常规化学指标及 7 种成分的变化进行测试评价。结果表明:与醋酸纤维滤棒相比,使用 CAPF 滤棒,卷烟焦油降低了 15%~41%,每毫米长度 CAP 滤嘴降焦效率提高 1.5%以上;卷烟主流烟气 7 种成分中 NH 和 B[a]P 降低了 15%以上,NNK 降低了 20%以上;与传统的纯木浆纸质-醋酸纤维复合滤棒相比,使用 CAPF 滤棒,卷烟感官评价分值提高 0.9 分,CAPF 滤棒的卷烟感官质量与醋酸纤维滤棒卷烟的感官质量相近。

2016 年,四川三联卷烟材料有限公司和云南瑞升烟草技术(集团)有限公司合作研究成果《功能性纤维在纸质滤棒中的应用研究》论文在《合成纤维工业》上发表,文中提出,选取麻类纤维、竹类纤维、罗布麻纤维和水溶性维纶 4 种功能性纤维,按质量分数为 30%的比例分别添加至 100%木浆中制成纸质滤棒,将其应用到红塔山卷烟(经典 1956)中,研究了添加 4 种功能性纤维的纸质滤棒对卷烟常规烟气、致香成分的影响,并进行了感官质量评价。结果表明:4 种功能性纤维卷制成的纸质滤棒满足现有纯纸质滤棒的指标要求;麻类纤维的纸质滤棒使卷烟烟气中的焦油和水分含量分别降低了 26.97%和 36.88%,含竹类纤维和罗布麻纤维的纸质滤棒分别使卷烟烟气中的水分含量提升了 43.75%和 26.25%;添加水溶性维纶的纸质滤棒对卷烟的烟气指标影响较小;分别添加 4 种功能性纤维的纸质滤棒并未改变烟气中的致香单体成分,只影响了各类致香单体成分的相对含量,竹类纤维和罗布麻纤维的焦油持水能力较强;添加竹类纤维的纸质滤棒可降低纸质滤棒的刺激性,丰富卷烟香气,改善卷烟抽吸品质。

2019 年,云南中烟再造烟叶有限责任公司与云南氪莱铂科技有限公司合作研究的论文《植物颗粒在纸质滤棒中的应用》在《纸和造纸》上发表,文中指出,为发挥纸质滤棒的优势,解决纸质滤棒在卷烟应用中存在的问题，进行了植物颗粒在纸质滤棒中的应用研究。通过挥发性成分分析及卷烟感官质量评价，筛选出一种植物颗粒 PC。结果表明：PC 颗粒原纸及滤棒各项物理指标均满足相关质量标准要求；PC 颗粒的添加对纸质滤棒烟气指标影响不大，对焦油的降低率可达 24.2%；PC 颗粒纸质-醋酸纤维滤棒感官评价得分较纯木浆纸质-醋酸纤维复合滤棒高出 1.1 分，PC 颗粒纸质-醋酸纤维滤棒卷烟感官评价质量与纯醋酸纤维滤棒相近。

2023 年，中国制浆造纸研究院有限公司与南通烟滤嘴有限责任公司合作的论文《烟用滤棒功能化改进及填充纸的技术发展》在《中国造纸》上发表。文中指出，目前 CAP 生产应用时仍存在掉毛掉粉、抽吸有“纸味”和“热塌陷”等问题，急需进一步优化基纸生产工艺，通过内添加和表面处理等工艺技术，提高 CAP 的物理强度，赋予其功能性，改进抽吸体验。而以醋酸纤维（配比 70%以上）和植物纤维配抄的醋酸纤维纸（CAP）制成的滤棒（CAPF）兼具两种材料的特点：吸附性好、回弹性能佳、对焦油的截留效果好，以醋酸纤维滤棒加工过程的残次品等为原料，可减少其焚烧处理带来的环境污染。文中还重点综述了滤棒填充纸（如植物纤维纸及醋酸纤维纸）的技术发展与应用，对比常用的醋酸纤维，分析了滤棒填充纸在生产应用时存在的优缺点等；并结合当前市场，分析未来醋酸纸滤棒的发展前景、所需改进的工艺及增香、保润、降焦减害等研究方向。

（2）醋酸纤维滤棒改性

中国国家烟草专卖局已于 2013 年禁止销售焦油量超过 11mg/支的卷烟，这无疑对卷烟过滤棒的降焦减害功能提出了更高的要求。传统醋酸纤维虽然能吸附和拦截烟气焦油、部分有害成分，但不能满足低焦油、低有害成分释放量卷烟的需要，因此，对醋酸纤维改性，提高其降焦减害性能已成为重点研究方向之一。

醋酸纤维的改性主要分为物理改性和化学改性。物理改性是对丝束纤维进行表面处理，增大纤维的表面积，或改变滤材纤维的纤网结构，提高滤材拦截效率，使滤材有效地吸附、拦截烟气焦油和有害成分。程德亮等[①]利用等离子技术蚀刻处理醋酸纤维，使纤维表面产生孔隙，增加了纤维的吸附能力，有效降低了焦油释放量。李景权等[②]采用醋酸纤维无纺布制备了滤嘴，与普通对照滤嘴相比，该滤嘴能有效降低烟气焦油释放量，降幅最高达到 25.0%。化学改性是利用化学反应，在滤材表面引入氨基、羟基等化学基团以及涂覆化学物质，针对性地降低卷烟烟气焦油、有害成分的释放量。曹建华[③]采用吡咯烷酮羧酸钠、壳聚糖-g-β-环糊精等改性醋酸纤维丝束，发现改性后单支卷烟烟气焦油释放量下降 2.7mg，烟草特有的亚硝胺总量下降 25.7%，NNN 释放量下降 67.6%。陆新[④]利用生物活性材料过氧化氢酶和谷胱甘肽改性滤嘴材料，结果表明，10mg/支固定化过氧化氢酶微粒改性滤嘴能使烟气气相自由基含量下降 38.8%。穆丽娟等[⑤]采用海藻酸钠涂覆改性聚丙烯纤维，结果表明，海藻酸钠质量分数为 1.5%时，焦油及烟碱释放量分别降低 23.2%和 8.7%。

结合物理改性和化学改性原理，在醋酸纤维滤棒改性研究过程中，产生了众多以醋酸纤维滤材为基础的添加剂滤棒，包括矿物

---

① 程德亮，黄少毅，蔡再生，等. 等离子体改性醋酯纤维的烟焦油吸附性能[J]. 印染：2012，38(3)：5-8.

② 李景权，温光和，尧珍玉，等. 一种高降焦性卷烟用二醋酸纤维无纺布滤材及其制备方法：中国，CN201210183403.5[P]. 2012-09-26.

③ 曹建华. 改性醋酸纤维丝束及其在烟气过滤中的应用研究[D]. 上海：东华大学，2006.

④ 陆新. 利用生物活性材料降低卷烟主流烟气关键有害成分含量的研究[D]. 无锡：江南大学，2008.

⑤ 穆丽娟，魏俊富，张环，等. 海藻酸钠改性聚丙烯滤嘴材料对烟气的吸附过滤研究[J]. 天津工业大学学报：2011，30(1)：8-11.

添加剂滤棒、中草药添加剂滤棒、生物添加剂滤棒和纳米添加剂滤棒等。

①矿物添加剂滤棒

目前尝试加入醋酸纤维滤棒中的矿物材料有:沸石、海泡石、蒙脱石、凹凸棒石、麦饭石等。李东亮等[①]将3%的凹凸棒石均匀加入醋酸纤维丝束中,制成复合卷烟滤嘴,测试结果显示焦油量降到13.2mg/支,CO含量降低到16.3mg/支,烟碱含量保持不变。这类材料都具有较大的比表面积,所以具备较高的吸附效率,而且它们具有极性,能大幅度降低主流烟气中的极性气体化合物。

②中草药添加剂滤棒

中草药和烟草属同源植物,根据相似相容的原理,中草药可以吸附卷烟烟气。将二者结合起来,可以制成具有保健功效的过滤棒。北京卷烟厂的孟冬玲[②]研究团队将浓度1.5%的SRM溶液加入醋酸纤维中,制成了低焦油量、低自由基浓度的"中南海卷烟",焦油量降低至5mg/支,主流烟气中气相自由基浓度下降了41.2%。马宇平[③]利用索氏抽提法从茶叶中提取了茶多酚和香味物质,将其溶于三醋酸甘油酯,作为增塑剂加入醋酸纤维中,制成新型滤棒。结果表明,主流烟气中有害成分显著下降。

③生物添加剂滤棒

已经证明某些生物材料添加到醋酸纤维滤棒中可以显著降低主流烟气中的焦油量或者选择性地降低特定有毒物质的含量,国际和国内的研究者们对此做了大量的探索。目前使用的生物材料

---

① 李东亮,王玉堂,樊杰,等.凹凸棒石在卷烟过滤嘴中的应用经验[J].烟草科技,2003(4):6-8.

② 孟冬玲,刘绍华.中草药添加剂在中国卷烟中的应用研究进展[J].中国烟草科学,2006(3):19-21.

③ 马宇平.茶叶香味成分、茶多酚提取及在新型卷烟滤棒中的应用研究[D].咸阳:西北农林科技大学,2006.

有:血红蛋白、壳聚糖、维生素C和E、DNA等。杨俊[1]将动物细胞中提取的血红蛋白和血红素加入卷烟滤棒中,显著地降低了主流烟气中有毒有害物质的含量。M. Lodovici等将DNA溶液添加到醋酸纤维过滤棒中可以显著降低主流烟气中稠环芳烃的含量。壳聚糖因其侧链上带有大量的氨基,可以选择性地吸附CO、焦油、重金属等有害物质。维生素C和E具有较强的还原性,可以猝灭烟气中的气相和粒相自由基。[2]

④纳米添加剂滤棒

纳米材料是最近研究的热点,因其极小尺寸的微结构,所以具备极高的比表面积。一些研究者[3]将金属纳米材料涂布到醋酸纤维上制成新型滤棒,取得了较好的效果。张悠金等将纳米Al_2O_3、TiO_2、SiO_2干法加入卷烟滤棒中,焦油量下降4.2%～45.3%,尼古丁降低1.7%～28.4%,其中Al_2O_3降焦减害效果最为明显。

⑤其他材料添加剂滤棒

在醋酸纤维滤嘴中添加催化剂、硅酸铝物质等对卷烟主流烟气有害物质有一定的吸附能力。20世纪80年代,日本学者市川清司[4]将浸渍的化合物加入滤嘴中,制成卷烟滤嘴,发现它可有效地滤除主流烟气中的苯并芘及其衍生物等。

此类添加剂改进型醋酸纤维滤嘴降焦减害作用增强,减小了烟气对人体的危害,但其滤棒仍以醋酸纤维为基材,降解性能并无

① 杨俊.血红蛋白(血红素)降低卷烟有害成分的研究[D].合肥:合肥工业大学,2002.

② 陈军.壳聚糖固定化过氧化氢酶在清除卷烟烟气自由基等有害物质中的应用[D].无锡:江南大学,2006.

③ 郭武生.HMS介孔材料的改性研究及其在卷烟减害方面的应用[D].广州:华南理工大学,2010.

④ MARINER D C, ASHLEY M, SHEPPERD C J, et al. Mouth level smoke exposure using analysis of filters from smoked cigarettes: A study of eight countries [J]. Regulatory toxicology and pharmacology, 2011, 61(3): 39 -50.

改善，仍会对环境造成污染。

（3）多元复合型滤棒

复合型滤棒有二元复合滤棒和三元复合滤棒等。二元复合滤棒由内外两段构成，外段为二醋酸纤维，内段为具有吸附能力的物质，能对烟气进行有效吸附，简单的制作工艺使其成为目前应用范围最广的复合滤棒。三元复合滤棒由内、中、外三个部分构成，外段为醋酸纤维，中段为选择性吸附物质，内段为醋酸纤维或者加入了添加物的醋酸纤维。

①活性炭复合滤棒

20世纪60年代，美国首先将活性炭添加到醋酸纤维素中，制成卷烟滤嘴，后来，欧美许多烟草公司紧随其后生产并销售活性炭滤嘴卷烟，市场逐步扩大。活性炭滤嘴能够吸附卷烟主流烟气中气相有害成分，降低主流烟气中90%左右的有害物质，但是不能吸附CO。活性炭滤嘴一般是由醋酸纤维丝束制成复合型滤棒，目前有二元复合滤棒、三元复合滤棒等。Filtrona公司对活性炭研究较多且比较深入，相继推出多种活性炭滤嘴及多功能、多类型的活性炭片滤嘴等。此外，某学者报道的由一种活性炭纤维制成的三元复合滤棒，该滤嘴由内外普通滤芯段中间夹杂活性炭纤维滤芯段构成，活性炭纤维滤芯段的加入，使得卷烟中的有害成分被选择性地高效吸附。

②其他材料复合滤棒

聂聪等[①]及长沙卷烟厂[②]研究发现，加入中等粒度的含有助剂纳米Au催化剂（35mg/支）的二元复合滤棒，可使卷烟烟气中的

① 聂聪，吕功煊，刘建福，等.纳米催化剂降低卷烟烟气中的CO应用研究[C]//中国烟草学会2002年学术年会论文集（上册）.广州：中国烟草学会，2002：154-159.

② 长沙卷烟厂.应用纳米贵金属催化材料降低卷烟烟气CO[G]//低焦油低危害卷烟产品及相关技术交流材料汇编（上册）.国家烟草专卖局科技司，2003：295-304.

CO 量降低 44.6%，同时还使卷烟烟气中焦油和烟碱量各降低 39.8%和 5.8%，并基本上保持了卷烟原有的风格和吸味。

郑州烟草研究院[①]对 NaY 分子筛进行了应用试验，结果显示，含改性 NaY 分子筛的二元复合滤棒不仅使卷烟中焦油和烟碱量降低，同时还使烟气中的苯系物、BaP、3 种 PAHs、酚类和 TSNAs 总量均降低。

深圳卷烟厂利用进口三元复合生物滤嘴研制出“金尊好日子”牌卷烟。该滤嘴的近嘴段为普通醋酸纤维滤嘴，近烟支段是加入活性炭的醋酸纤维滤嘴，二者中间的空腔中装满浸渍血红蛋白的活性炭。该滤棒能使 BaP、亚硝胺、甲醛、乙醛、丙烯醛和其他苯类、有害金属元素等有害成分大幅度降低。

此类复合改进型醋酸纤维滤嘴降焦减害作用增强，减小了烟气对人体的危害。尽管醋酸纤维滤嘴使用量减少，但由于它还是以醋酸纤维为主材，降解性能并无改善，仍会对环境造成污染。

(4)新型滤材的开发

为了提高卷烟吸食安全性，烟草企业纷纷将目标瞄准新型卷烟滤材。新型滤材一般可以分为以下两类：一类是功能性的绿色纤维，利用从动植物中提取的成分制备纤维，如牛奶蛋白纤维、玉米纤维、聚乳酸纤维、黄麻纤维、竹纤维、烟草材料纤维等；另一类是高吸附性化学合成纤维，如活性炭纤维、中空纤维、纳米纤维等。

如刘丹等[②]选取牛奶蛋白纤维、聚乙烯醇纤维和海藻纤维，分别将其植入卷烟滤嘴轴心位置制得中线滤嘴，其中海藻纤维因具有较大的比表面积，主流烟气中的苯酚和 N-亚硝胺释放量降低效

---

① 郑州烟草研究院.降低卷烟烟气中有害成分的技术研究与应用[G]//低焦油低危害卷烟产品及相关技术交流材料汇编(上册).国家烟草专卖科技司，2003：147-165.

② 刘丹，尧珍玉，黄宪忠，等.功能纤维对卷烟主流烟气的吸附研究[J].合成纤维工业：2013，36(1)：42-45.

果最好,降幅分别为 49.4%和 28.4%。黄宪忠等[①]制备的玉米纤维滤嘴能有效降低烟气中有害成分释放量,苯酚去除率可达到16%左右,亚硝胺去除率在 20%左右。赵群[②]发现醋酸纤维和聚乳酸纤维的某些物理和化学性能是相似的,而且聚乳酸纤维可以吸收一部分焦油,具有作为卷烟过滤材料的潜能。余玉梅等[③]考察了聚乳酸滤棒卷烟和醋酸纤维滤棒卷烟的酚类烟气化学成分过滤效率,指出聚乳酸滤棒对主流烟气中酚类物质的过滤效率具有选择性,对烟气中单酚类物质的过滤效率明显高于双酚类物质的过滤效率。此外,研究者们发现麻类纤维是一种天然纤维,属于多年生草本植物,将其应用在卷烟材料中,能够改善卷烟抽吸品质。[④]

行业分析认为,聚乳酸纤维和黄麻纤维等具备优良的过滤性能,同时可快速降解,可能会成为新型卷烟滤嘴过滤材料。

聚乳酸纤维(PLA)是一种可以从玉米、木薯、甘蔗、甜菜中提取出来的可再生资源,试验证明,聚乳酸纤维是一种环境友好型材料,它能在很短的几周时间内、几乎任何环境条件下快速分解。当前,由于聚乳酸材料价格昂贵,尚未真正实现大规模商业化生产。据了解,聚乳酸纤维丝束的价格至少比醋酸纤维丝束价格贵两倍。目前,天津市荣唐进出口有限公司是这种丝束的主要供应商。

黄麻纤维是最廉价的天然纤维之一,黄麻是一种亚热带广泛种植的植物,黄麻纤维常用于制造麻布袋和其他结实耐用的织物。试验证明,黄麻纤维能很快被降解,与传统的醋酸纤维过滤材料相

---

① 黄宪忠,刘丹.玉米纤维在卷烟滤棒中的应用及卷烟滤棒及其制备方法:中国,CN201310057946.7[P].2013-05-08.

② 赵群.聚乳酸纤维在改性香烟滤嘴中的新能研究[J].科技视界,2012,1(1):62-63.

③ 余玉梅,陈欣,蒋雯,等.聚乳酸纤维滤棒在卷烟中的应用研究[J].合成纤维工业,2018,41(6):26-29.

④ 黄敏.含麻卷烟纸的试制[D].南京:南京林业大学,2005.

比，黄麻材料还具有更好的过滤性，甚至还能过滤一些焦油。同时，通过调整纤维密度可以很容易地控制卷烟吸阻。

聚乳酸纤维、黄麻纤维与醋酸纤维的优缺点对比如表1-6所示。

表1-6 聚乳酸纤维、黄麻纤维与醋酸纤维的优缺点对比

种类	简介	优点	缺点
醋酸纤维	热塑性树脂，被广泛应用	过滤性好，可塑性强	很难被降解
聚乳酸纤维	可以从玉米、木薯、甘蔗、甜菜中提取出来的可再生资源，是理想的绿色高分子材料	能够在很短的时间降解，在任何环境条件下几乎都能快速分解	成本高
黄麻纤维	最廉价的天然纤维之一，亚热带广泛种植的植物	能快速被降解，与传统材料比有更好的过滤性，通过调整纤维密度可以很容易地控制卷烟吸阻	—

(5)其他研究方向

2007年，江南大学硕士学位论文《提高烟用聚丙烯纤维丝束吸附性能的研究》中提出，首先采用三种不同的无机试剂处理聚丙烯纤维，然后采用烟用黏合剂（即丙纤滤棒成型专用黏合剂）/纳米SiO_2、ZnO和Al_2O_3对聚丙烯纤维进行处理，最后采用共混纺丝方法和热致相分离法把稀释剂、极性高聚物和聚丙烯进行均匀混合并纺制改性聚丙烯纤维。用扫描电子显微镜观察聚丙烯纤维的表面形态，研究发现，用无机试剂处理制备的改性聚丙烯纤维表面存在着深浅不同、数量不等的凹穴，增加了纤维的表面粗糙度和比表面积；用共混纺丝方法和热致相分离法制得的改性聚丙烯纤维的表面存在许多大小不一的孔洞、微孔和裂缝，微孔分布尺寸较宽，小的不到 0.1μm，大的超过 3μm。用傅里叶红外光谱仪测定聚丙烯纤维的表面化学成分，研究发现，用无机试剂处理的聚丙烯纤维的表面有羧基和羰基等极性基团生成。用纤维表面动态张力仪测试了改性聚丙烯纤维的极性，研究发现，改性聚丙烯纤维的后退接触角由 93°减小到 60°，接触角滞后性由 5°增加到 33°，纤维的极性增加。以吸附苯蒸气作为评价指标，用正交法设计了试验，用静态饱和吸附法和常压流动吸附法测定了处理后的聚丙烯纤维的吸附性能。找出了影响聚丙烯纤维的吸附性能的重要因素，给出了较好的水平组合，并用单因素分析法分析了试验结果。研究表明，与未改性的聚丙烯烟用滤嘴相比较，三种改性聚丙烯纤维滤嘴对卷烟烟气的吸附过滤效率均有较大的提高。其对卷烟烟气中有害物质的吸附过滤效果的顺序为：共混改性和热致相分离法制得的聚丙烯纤维过滤丝束＞烟用黏合剂/无机粒子处理的聚丙烯纤维过滤丝束＞无机试剂处理的聚丙烯纤维过滤丝束＞纯聚丙烯纤维过滤丝束。

在 2014 年昆明理工大学的硕士学位论文《纸质滤棒对部分卷烟主流烟气释放物的影响研究》中，针对纸质滤棒的特性，结合卷烟滤棒研发的最新趋势，全面研究了单一纸质滤棒和纸质-醋酸纤维复合滤棒的物理性能，及其对卷烟主流烟气中有害物质的过滤效果，相关研究内容及结论如下：

①单一纸质滤棒研究

通过制备不同幅宽的纸质滤棒，研究发现纸质滤棒的压降和硬度随着纸幅宽的增大而增大，但超过 245mm 幅宽后增幅减缓。纸质滤棒能有效降低卷烟烟气中的焦油、烟碱、氨和 B[a]P 释放量，但对氢氰酸、羰基化合物和酚类释放量无显著影响。

②二元纸质一醋酸纤维复合滤棒研究

使用定量为 35g/m^2、幅宽为 220mm 的纸质滤棒纸，制备了不同长度的二元复合滤棒。结果显示，与二元复合醋酸纤维滤棒相比，二元纸质-醋酸纤维复合滤棒能更有效地降低焦油和烟碱的释放量(降低16.36%～32.47%)。

③二元纸质-醋酸纤维复合滤棒卷烟和二元复合醋酸纤维滤棒对比研究

二元纸质-醋酸纤维复合滤棒能有效降低氨和B[a]P释放量，(降低5.02%～23.96%)，而对苯酚、巴豆醛、氢氰酸释放量无明显影响；且两种滤棒对卷烟主流烟气中NNK和一氧化碳的释放量基本相当。

④活性炭和壳聚糖涂布滤棒研究

涂布活性炭的二元纸质-醋酸纤维复合滤棒能显著降低焦油和烟碱释放量，而涂布壳聚糖的滤棒则对羰基化合物、氨等有害物质表现出选择性吸附，但两类滤棒卷烟主流烟气中一氧化碳的释放量基本相等，且涂布有壳聚糖的二元纸质-醋酸纤维对主流烟气酚类、B[a]P等有害物质的释放量没有明显影响。二元纸质-醋酸纤维复合滤棒中涂布了活性炭和壳聚糖，分别对主流烟气中小分子量的中性成分和小分子量的弱极性成分的释放量有较明显的影响。

⑤滤棒优化

采用二次回归正交组合法优化活性炭和壳聚糖的涂布方案，显著提高了滤棒的过滤性能，降低了焦油、烟碱、羰基化合物、酚类、氢氰酸、B[a]P和半挥发与挥发性化合物等有害物质的释放量，显著降低了卷烟烟气的危害性。

⑥表面结构和孔隙结构分析使用扫描电镜和氮气吸附法，发现涂布活性炭/壳聚糖的纸质滤棒中微孔数量增加、体积增大，而醋酸纤维丝束中没有明显的孔结构。

2 烟用滤棒过滤机理综述

2.1 滤棒作用概述

滤棒在卷烟中的应用目的主要体现在三个方面:最基本的目的是对主流烟气的过滤和吸附作用,从而降低卷烟中的焦油和自由基等有害物质,滤棒的过滤吸附作用在科技发展的推动下不断强化;另一方面,随着研究的深入,各类添加剂赋予了滤棒更多的作用,比如改善卷烟的内质、吃味,起到增加卷烟香气、减少杂气、修饰烟气状态以及提高卷烟舒适度等的效果;再者,控制调节吸阻、改善抽吸体验也是当前滤棒的主要作用之一。

(1)降低焦油含量

降低烟气中焦油的含量,是滤棒的首要作用。由于滤棒可以有效地截留卷烟主流烟气中的总粒相物,降低卷烟焦油量,因而在卷烟上接装滤棒就成为降低卷烟焦油量的首选技术。科研的不断创新,使得滤棒的过滤效果越来越好。目前,滤棒的主要材料有醋酸纤维、纸质材料、聚丙烯纤维(包括无纺布)等,另外在滤棒中还可以加入活性炭、铝硅酸盐类等新型吸附材料。

(2)减少自由基等有害物质

卷烟燃烧后的主流烟气经过滤棒,烟气中的自由基等有害物质可以被滤棒的丝束部分或者添加的物质通过化学吸附或者物理吸附所捕获,从而减少自由基等有害物质对人体的伤害。周均等[①]发明了一种有多层结构的纤维滤芯和多层环状的焦油吸收纤维纸新型结构的卷烟滤棒。提高了滤棒的过滤效率,抽吸口感更加醇厚丰满,在不影响卷烟口感和吸味的前提下有效吸收烟气中的焦油成分,达到降焦减害的作用。

(3)改善抽吸内质、吃味

主流烟气经过滤棒,其中部分影响吸味的杂质会被滤棒或者其中的添加剂所吸附,从而使得烟气舒适、香气纯正。罗红兵等[②]发明了一种蔗糖重结晶包络液态香精香料的复合滤棒。设计的复合滤棒在现行的滤棒制造工艺和外观质量保持不变的前提下,可以提供稳定的特征香味,产品质量得到提高。

(4)吸阻的优化与调整

卷烟滤嘴的吸阻控制主要是通过滤嘴材料的孔隙率和吸附性能来实现,滤材对滤棒吸阻的影响主要来源于丝束本身的特性,不同单丝线密度、总线密度的丝束在成型同一长度和圆周的滤棒时,一般具有不同的吸阻成型区间。所以,丝束线密度的合理选择对滤棒吸阻的控制尤为关键。此外,滤棒吸阻与棒内丝束的填充量和丝束的卷曲特性也密切相关。随着棒内丝束的填充量增加,滤棒吸阻也会增加;而当滤棒质量一定时,滤棒的吸阻随棒内丝束卷曲度的增加而增加。丝束选型是沟槽滤棒吸阻控制的首要环节,也是滤棒开发的重点内容。

---

① 周均,肖世新.一种新型结构的卷烟滤嘴:中国,200520015729.2[P].2006-11-22.

② 罗红兵,陈义坤,丁碧军,等.蔗糖重结晶包络液态香精香料的复合滤嘴棒及其制备方法:中国,200810048156.1[P].2009-12-30.

2.2　空气过滤机理

过滤材料对气流中微粒的捕集机理十分复杂，根据现有的过滤理论，过滤机理至少包括直接拦截效应、惯性碰撞效应、扩散沉积效应、重力沉降效应和静电吸附效应等五种。

(1)直接拦截效应。在纤维层内纤维错综排列，形成无数网格。当某一尺寸的微粒沿着流线刚好运动到纤维表面，且从流线到纤维表面的距离等于或小于微粒半径时，由于受到范德华力的作用，微粒会在纤维表面被拦截而沉积下来。

(2)惯性碰撞效应。由于排列复杂，气流在纤维层内穿过时，其流线会屡次经历激烈的转弯。当微粒质量较大或者速度较快时，则在流线拐弯处，微粒由于惯性来不及跟随流线同时绕过纤维，故而脱离流线向纤维靠近并与纤维发生碰撞从而沉积下来。

(3)扩散沉积效应。由于气体分子热运动对微粒的作用，使得微粒做布朗运动，且使其脱离流线发生一定的偏移，越小的微粒，其扩散效应越显著。常温下，0.1μm 的微粒每秒钟扩散距离达17μm，比纤维间距离大几倍至几十倍，这就使微粒有更大的机会运动到纤维表面而沉积下来，而大于 0.3μm 的微粒其布朗运动减弱，一般不足以靠布朗运动离开流线而碰撞到纤维上面去。

(4)重力沉降效应。微粒通过纤维层时，在重力作用下发生脱离流线的位移，即因重力沉降而沉积在纤维上。由于气流通过滤纸过滤器的时间远小于 1s，对于直径小于 0.5μm 的微粒，当它还没有沉降到纤维上时已通过了纤维层，故重力沉降可以忽略。

(5)静电吸附效应。由于多种原因，纤维和微粒都可能带上电荷，产生静电效应，但除了有意识地带电外，若是在纤维处理过程中因摩擦带上电荷，或因微粒感应而带电，则这种电荷不能长时间存在，且其电场强度很弱，产生的吸引力也小至可以忽略。

2.3 纸质滤棒截留机理

卷烟的烟气由气相物质和粒相物质两部分组成。其中，气相物质约占烟气总量的92%，其中包括约58%的空气、碳氧化合物、氮氧化合物和一些生物活性物质等；粒相物质主要包括水、烟碱和焦油，它们约占烟气总量的8%；且烟气中的化合物，绝大部分对人体是无害的，其中某些成分还能赋予烟草以特有的香味，使人感觉愉悦，但也有极少部分对健康有害，其危害程度各有差别。目前，一般认为烟气中的主要有害物质有一氧化碳、稠环芳烃、氮氧化合物、挥发性酚类物质、氰化氢、特有亚硝胺等一些杂环化合物及微量重金属元素等。[①]

卷烟滤棒作为释放主流烟气的介质，可截留烟气中的部分有害成分，而且还能有效过滤卷烟主流烟气中的总粒相物，同时能减少焦油释放量，从而降低烟气对人体的危害。

纸质滤棒作为常见的卷烟滤棒之一，其实质是植物纤维滤棒，是将植物纤维（棉或木浆纤维）造成薄纸，并起皱成型，制备成滤棒[②]，其具有绿色、环保、健康的特点。就纸质滤棒的截留机理而言，包括直接截留机制、惯性撞击机制、扩散截留机制三种。

（1）直接截留机制

直接截留机制本质上是一种筛分效应，根据过滤介质的孔径大小进行筛选并截留尺寸比孔径大的污物，具体示意如图 2-1

---

① 廖予琦.卷烟主流烟气中部分成分在滤嘴中的截留效率研究[D].昆明：云南大学，2006.

② 邬晓龙，吕惠娇，刘丽婷，等.香烟滤嘴用纤维过滤材料的研究现状[J].染整技术.2023，45(08)：12-15.

所示。

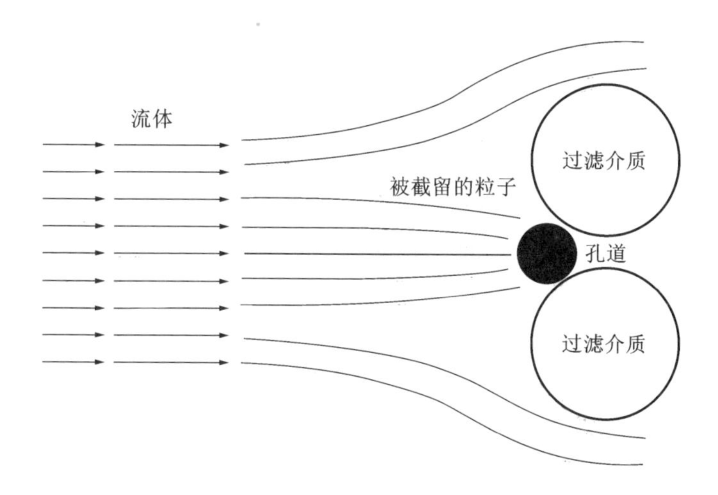

图 2-1　直接截留机制示意图

(2)惯性撞击机制

由于污物颗粒随着流体作用具有运动的惯性，当流体改变运动方向时，污物颗粒在经过过滤介质时离开流体撞击到过滤介质上，并由于吸附力而停留在过滤介质上；污物颗粒的质量越大，撞击力也越大，因此，伴随着污物质量的增大，惯性撞击机制的截留效率也相应升高，具体示意如图 2-2 所示。

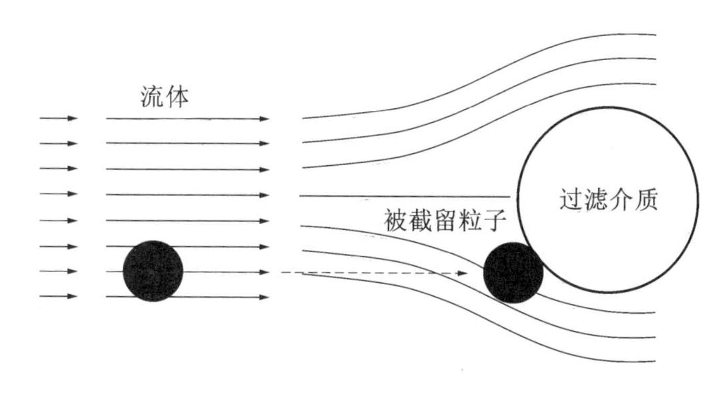

图 2-2　惯性撞击机制示意图

(3)扩散截留机制

由于流体分子持续不断地随机撞击所致的布朗运动，导致污物颗粒在流体流线的周围随意移动，布朗运动提高了污物颗粒与过滤介质接触的概率，从而提高了截流微粒的概率。然而，布朗运动对小粒子的影响比较大，因此扩散截留所致的截留效率随着粒子尺寸的减小而增大，具体示意如图 2-3 所示。

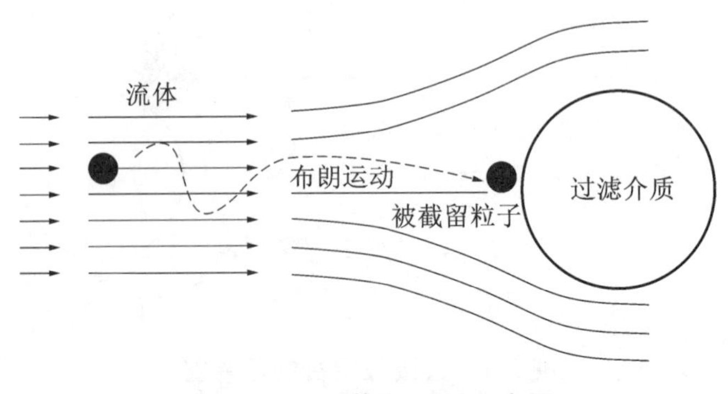

图 2-3 扩散截留机制示意图

2.4 其他滤棒截留机理

滤棒在卷烟中的作用至关重要，可以有效地滤除主流烟气中部分有害成分，如烟碱、焦油、CO、尼古丁和醛类物质等，甚至包括烟草中特有的亚硝胺。为实现对主流烟气降焦减害，研究滤棒对主流烟气的过滤机理是非常必要的。Keith① 最先对滤棒过滤机理进行了研究，结果表明惯性碰撞、扩散沉积和直接拦截是过滤烟气粒子的主要方式。Overton② 研究了惯性碰撞、扩散沉积和直接拦截这 3 种过滤方式对烟气粒子的截留效率，结果显示，扩散沉积和直接拦截对烟气粒子的截留发挥着主要作用，而惯性碰撞的贡献

① KEITH C H. Physical mechanisms of smoke filtration[J]. Recent advance of tobacco science, 1978, 4: 25-45.

② OVERTON R. Filtration of cigarette smoke: relative contributions of inertial impaction, diffusional deposition, and direct interception [J]. Beitrage zur tabakforschung, 1973, 7(3): 117-120.

较小。此外,重力沉降等截留机理也有一定的作用。[①]

特殊滤棒的过滤机理除直接拦截、惯性碰撞和扩散沉淀等物理过滤外,根据其材料和添加剂不同,还包含不同的化学过滤机理。常见滤棒的组成、结构、功能及过滤机理如表 2-1 所示。

表 2-1 常见滤棒组成、结构、功能及过滤机理

种类	组成	结构	过滤机理	功能
普通醋酸纤维滤棒	含5%~10%三醋酸甘油酯的二醋酸纤维素	单一的醋酸纤维丝	(1)直接拦截; (2)惯性撞击; (3)扩散截留	(1)能去除烟气中的部分焦油,能有选择性地去除烟气中一些半挥发性成分,如酚类物质(具有致瘤作用),其对烟气的过滤效率受滤棒长度、圆周、压降、丝束规格以及丝束中添加剂性质的影响; (2)结构单一,易于快速生产,广泛用于国内外大多数品牌的卷烟

① 贾伟萍.活性炭孔结构对主流烟气粒相物过滤效率的影响[D].郑州:郑州烟草研究院,2010:7-10.

续表 2-1

种类	组成	结构	过滤机理	功能
联合效益滤棒	带沟槽的内成形纸、含5%～10%三醋酸甘油酯的二醋酸纤维素	中心部分的醋酸纤维丝束由一层带波纹的透气纸包裹，外面再包上滤棒成形纸，波纹纸的长度为滤棒长度的13/20，即滤棒的一端带沟槽而另一端具有和普通醋酸纤维滤棒相同的外观；若带沟槽的一端为唇端，滤棒具有特殊的外观；若带沟槽的一端在烟丝端，则滤棒的外观与普通醋酸纤维滤棒的外观相同	采用横流过滤的机理，烟气可以有两种方式通过滤棒：一种是从中心醋酸纤维丝束内通过；另一种是从沟槽内通过。沟槽的作用实际上是形成一段低压降的区域，使得烟气容易从低压降区通过时穿过内层成形纸，从而高效过滤	(1)由于烟气在沟槽中流动降低了滤棒的压降，在相同的截留率条件下CPF滤棒的压降比相应的醋酸纤维滤棒的低，或者说在相同的压降下CPF滤棒对焦油的截留率高于相应的醋酸纤维滤棒； (2)由于较低的压降即可得到较高的截留率，因此嘴头所需的通风量减小，对烟气的稀释作用减小，有利于在降焦同时保持卷烟的香、吃味； (3)若沟槽在唇端，则外观新颖独特，可从生产技术角度防止假冒卷烟

续表 2-1

种类	组成	结构	过滤机理	功能
活性炭片复合滤棒	醋酸纤维、活性炭片	单一结构的醋酸纤维滤棒，活性炭颗粒用聚乙烯醇黏胶粘在成形纸内侧	活性炭在活化过程中产生大量孔隙，这些孔隙的比表面积大，烟气中的气体分子通过这些孔隙时即被吸附到活性炭表面上；此外，当活性炭加入滤棒中后，滤棒的压降增大，从而提高了对烟气的截留率	(1)能够吸附烟气中的气相成分，并且其对气相成分的吸附效果比较均匀，不对某一类成分表现出特殊的选择性过滤，而其他一些吸附材料如海泡石、硅胶等则有极性，对极性化合物的过滤效果较好； (2)活性炭对烟气中半挥发性成分的作用也很明显，可去除烟气中60%的半挥发性成分，如吡啶、酸类、醛类和酚类等，从而去除烟气中的辛辣味，柔和烟气
纸和醋酸纤维二元复合滤棒	皱纹纸与醋酸纤维丝束	近唇端为无包裹的醋酸纤维，近烟丝端为皱纹纸	(1)直接拦截； (2)惯性撞击； (3)扩散截留	(1)由于纸的过滤效率高于醋酸纤维，因此复合滤棒对烟气的截留率高； (2)可通过调整纸段和醋酸纤维段的长度比例来获得不同的焦油量，因此设计灵活

续表 2-1

种类	组成	结构	过滤机理	功能
香料线滤棒	各类滤棒和涂有香料的白棉线	涂有香料的白棉线置于滤棒的中心	(1)直接拦截; (2)惯性撞击; (3)扩散截留	(1)由于在滤棒中加入了香料,可确保香味渗入烟气分子中,使卷烟的香、吃味更均匀持久; (2)在卷烟尚未点着时就可获得很好的嗅香
异形滤棒	纸纤维或不同规格的醋酸纤维丝束	近唇端的中心部分用醋酸纤维丝束成形为不同形状(如圆形、三角形、五角形),近烟丝段为纸纤维或醋酸纤维	(1)直接拦截; (2)惯性撞击; (3)扩散截留	(1)近唇端的醋酸纤维丝束密度高,因此对烟气的截留率较高; (2)外观新颖独特、可用于产品防伪
同轴芯型滤棒	由两种不同的过滤材料同时成型制得	由内芯和外芯构成,内芯部分为醋酸纤维或纸质,外芯所用的醋酸纤维与内芯的丝束规格不同,内外芯之间用渗透或非渗透性膜隔开	(1)直接拦截; (2)惯性撞击; (3)扩散截留	—

3 纤维素材料在滤棒领域的应用历程研究

纤维过滤材料的发展可以追溯至第一次世界大战，采用石棉纤维作为滤料的防毒面具出现后，纤维过滤材料逐渐走进了人们的视野。虽然石棉纤维具有耐高温、价格便宜等优点，但在后续的使用及研究过程中发现，石棉纤维外部十分尖锐，这使得它无法自人体器官中清除出来，而是渗入人体组织中，引发石棉沉滞症、间皮瘤及癌症等，故目前许多国家都颁布了禁令禁止使用石棉。

1940 年，玻璃纤维问世，美国对玻璃纤维滤纸的生产工艺进行了研究，之后出现了以玻璃纤维为滤料的高效空气过滤器(high efficiency particulate air，HEPA)，其对于$\geqslant 0.3\mu m$微粒的过滤效率可达 99.9999%。到了 20 世纪 70 年代，日本以黏胶基纤维、聚丙烯腈等为原料生产出活性炭纤维。ACF 具有比表面积大、孔径分布窄、吸附行程短、脱附速度快、耐高温、加工成型性好、无污染等优点。到了 20 世纪 80 年代，纳米技术诞生，纳米材料以纳米纤维形式作为过滤材料，具有较大的比表面积、表面能和表面张力，增加了空气中的悬浮微粒在其表面沉降的概率，从而提高了过滤效率。

随着合成纤维的原料因石油资源的不可再生而日益匮乏，纤维素纤维作为可再生资源，逐渐受到重视，且由于纤维素纤维具有天然纤维的舒适性、透气性、光泽、柔软性、悬垂性等，市场对纤维素纤维的需求逐年增加。其中，作为纤维素纤维的代表，醋酸纤维被广泛用作香烟滤棒。

3.1 滤棒行业发展历程

滤棒作为卷烟的主要结构组成部分之一，主要作用是对烟气粒相物的直接截留、惯性碰撞和扩散沉淀达到吸附效果，进而有效降低烟气中的焦油、CO等有害成分含量。

滤棒的发展历程如图3-1所示。

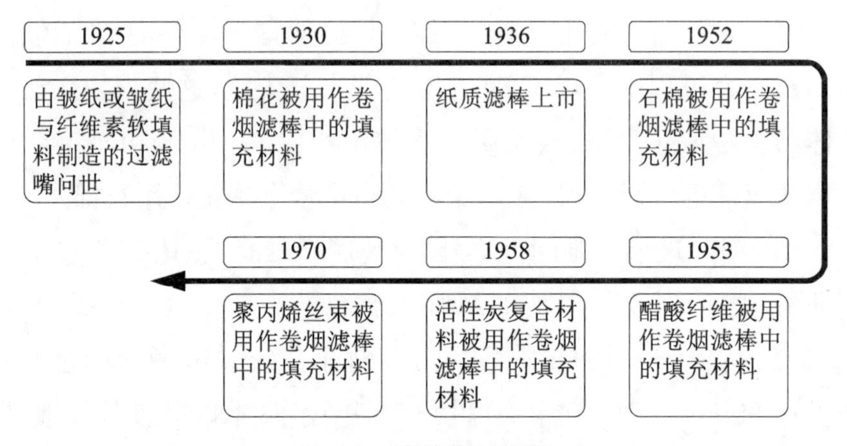

图3-1 滤棒发展历程

1925年，匈牙利人Aivaz发明了用皱纸与纤维素软填料制造的过滤嘴，这是最早出现的过滤烟嘴；1930年，棉花作为填充材料在滤棒中应用；1936年，纸质滤棒上市，但是其带给抽吸者的体验不佳，逐渐被其他材料所替代；1953年，醋酸纤维作为过滤材料被应用于香烟行业，由于醋酸纤维通透性好、过滤性好、性价比高等特点，其逐渐成为滤棒的主要填充材料。1954年醋酸纤维滤棒占到卷烟滤棒市场的9%，到1979年醋酸纤维滤棒则占到烟用滤棒市场总量的92%。20世纪60年代左右，在醋酸纤维滤棒发展的同时，功能化滤棒时代开启，活性炭复合材料应用在卷烟滤棒领域；1970年，美国、捷克等国成功研制出聚丙烯纤维材料并应用到卷烟滤棒领域，我国在1989年将聚丙烯纤维材料用于烟草行业并产业化。

目前,市场上大多以醋酸纤维丝束作为烟滤嘴棒的填充材料,也有部分高性能纸滤嘴棒及聚丙烯滤嘴棒应用于卷烟,约为醋酸丝束的30%~40%。[①]

3.2 纤维素滤材性能研究

3.2.1 滤棒用醋酸纤维

醋酸纤维作为醋酸纤维滤棒的主要原料,是纤维素纤维中仅次于黏胶纤维的第二大品种[②],也是一种环保型纤维,目前世界上醋酸纤维生产大都以二醋酸纤维为主。

1950年美国斯曼柯达公司首先将二醋醇纤维应用于香烟过滤嘴的工业化生产,该型过滤嘴在降焦减害中发挥出显著作用,且具有不改变香烟口感、方便加工等明显优势,因而得到大规模应用,并逐步发展成二醋酸纤维的主要用途,目前国内外90%以上的过滤嘴都在使用二醋酸纤维,远超其他类型的过滤材料。[③]

醋酸纤维与黏胶纤维的力学性能比较如表3-1所示[④],可知:醋酸纤维的密度比黏胶纤维的要小。醋酸纤维的干强比黏胶的要小,这是由于醋酸纤维的结晶结构中无定形区较大,纤维大分子的对称性、规整性、结晶度均比较低,醋酸纤维的分子链和链段可较

① 王健,刘文,朝鲁门,等.烟用滤嘴棒功能化改进及填充纸的技术发展[J].中国造纸.2023,42(02):102-109.

② 梁荷叶,吴海波,张建超,等.烟用二醋酸纤维非织造材料卷烟滤棒的研制[J].产业用纺织品.2020,38(11),5-10.

③ 杨琳,杨超.我国卷烟材料技术现状与发展趋势[J].轻工科技.2019,35(02),33-35+37.

④ 张淑洁,司祥平,陈昀,等.醋酸纤维的性能及应用[J].天津工业大学学报.2015,34(02),38-42.

自由地活动。湿态下的断裂强度和黏胶的差不多，强度损失较大，剩余强度约为干强的70%。所以，醋酸纤维在拉伸和湿加工的过程中一定要采用温和的方式。

表3-1　醋酸纤维与黏胶纤维的力学性能比较

性能	醋酸纤维	黏胶纤维
密度/($g\cdot cm^{-3}$)	1.32	1.48～1.54
干强度/($cN\cdot dtex^{-1}$)	1.06～1.20	1.50～2.70
湿强度/($cN\cdot dtex^{-1}$)	0.62～0.79	0.7～1.80
干强断裂伸长率/%	25～35	16～24
湿强断裂伸长率/%	30～45	21～29

如表3-2所示，从醋酸纤维与聚丙烯纤维的吸附过滤性能对比可以看出①：醋酸纤维对卷烟烟气中总粒相物的过滤效果略高于聚丙烯纤维丝束1%～2%，这是因为在相同系数条件下，醋酸纤维要比采用高膨化纤维制成的聚丙烯纤维细，截留总粒相物的程度较高；聚丙烯滤嘴对焦油的过滤效果略低于醋酸纤维滤嘴，这主要是由于醋酸纤维滤嘴对焦油的亲和性表现较强，因此，对焦油的截留率也较高。1999年，河南农业大学赵铭钦等研究了不同材料滤嘴对卷烟烟气的过滤效果，认为醋酸纤维滤嘴对烟碱的过滤效果不如聚丙烯纤维，是因为烟碱粒相的形成与滤材的性质有关。2007年，河北大学胡秀峰等对卷烟滤嘴用纤维过滤材料的减害降焦效果进行了研究，发现醋酸纤维对焦油和其他有害物质有很好的吸附分离效果，但对苯并[a]芘并无特别的滤除作用，对CO无截留作用，也不能吸附分离出烟气中的醛类化合物、苯和甲苯等。

---

① 张淑洁，司祥平，陈昀，等．醋酸纤维的性能及应用[J]．天津工业大学学报．2015，34(02)，38-42.

表 3-2　醋酸纤维与聚丙烯纤维的过滤性能比较

截留物	醋酸纤维截留率/%	聚丙烯纤维截留率/%
总粒相物	36.51	35.02
焦油	33.23	28.65
烟碱	29.35	32.25

作为烟草行业卷烟的过滤嘴材料，醋酸纤维滤棒是现今低焦油和高焦油卷烟消费者都广泛接受的机械过滤嘴。它无毒、无味、耐冲击、耐油、不带静电、吸阻小、吸附力强，且具有很好的弹性和热稳定性，能选择性地吸附烟气中的有害成分，同时又保留了一定的烟碱而不失烟草的口味。2011 年，红塔烟草有限公司王涛等研究了改性二醋酸纤维丝束对卷烟保润性能的影响，指出醋酸纤维丝束不能吸收烟气中的醛类化合物，而且由于它的亲水性能较好，会使主流烟气中的水分向醋酸纤维丝束转移。为使醋酸纤维丝束对烟气有更好的过滤性能和口感，行业专家进行了一系列的研究，例如对醋酸纤维进行化学改性和生物改性以及丝束表面改性等。日本三菱黏胶公司利用酶处理的方法得到了超微卷缩醋酸纤维，使醋酸纤维的卷曲数由一般的 5000/m 左右增加至 10000～20000/m，这样醋酸纤维丝束吸附的表面积大大增加，提高了卷烟滤嘴的过滤效率。2013 年，天津工业大学于宾等发现在滤嘴中加一层高比表面积的静电纺醋酸纳米纤维膜可以达到降焦效果，在同一吸阻条件下进行测试，发现加一层纳米纤维膜的滤嘴截焦率明显比普通滤嘴高，最大高达 19.87%。

3.2.2　滤棒用聚乳酸纤维

聚乳酸(polylactic acid, PLA)纤维，是由碳水化合物富集的物质（如长米、甜菜、木薯等农作物及有机废料）与一定菌种发酵成乳酸，再经单体乳酸环化二聚或乳酸的直接聚合制得高性能乳酸聚合物，最后采取一定纺丝方式制成 PLA 纤维。由于多用玉米等谷物为原料，所以又称为“玉米纤维”。PLA 纤维原料来源于自然，制品废弃物可被完全降解为自然所需的 H_2O 和 CO_2，实现了完全自然循环，是 21 世纪极具发展前景的纤维材料。

聚乳酸纤维制造的香烟过滤嘴，有四个显著的特点：(1) 它来源于一年生植物，比木材价廉易得，成本低；(2) 可完全生物降解，是不折不扣的“绿色”产品；(3) 采用熔体纺丝工艺制造丝束，加工成本低，环境污染少；(4) 极性的分子结构决定了它对烟气中的有害成分有吸附和清除能力。

表 3-3 所示为聚乳酸纤维与醋酸纤维过滤性能比较，可以看出，与醋酸纤维相比，采用聚乳酸纤维，卷烟的抽吸口数和烟碱释放量保持不变，总粒相物、氧化碳和焦油释放量基本一致。聚乳酸纤维滤棒卷烟烟气水分含量明显升高，较高的水分有利于提高 PLA 滤嘴卷烟的感官抽吸舒适性。[①]

表 3-3 聚乳酸纤维与醋酸纤维的过滤性能比较

截留物	抽吸口数	一氧化碳/(mg/支)	总粒相物/(mg/支)	烟碱/(mg/支)	水分/(mg/支)	焦油/(mg/支)
聚乳酸纤维	7.3	12.1	12.8	1.0	1.5	10.3
醋酸纤维	7.3	12.5	13.1	1.0	1.4	10.7

3.2.3 滤棒用竹炭纤维

竹炭纤维源起于中国，被东南亚和欧美国家称为“中国纤维”

---

① 余玉梅，陈欣，姜雯，等. 聚乳酸纤维滤棒在卷烟中的应用研究[J]. 合成纤维工业. 2018,41(06),26-30.

"会呼吸的纤维"。竹纤维是从竹类中提取出来的一种再生植物纤维，是继棉、麻、毛、丝之后人类应用的第五大天然纤维。

竹炭纤维内部孔隙多、表面有凹槽，分子中含有大量活性基团，可以吸附、截留香烟主流气体中的有害成分，特别是醛类物质及总粒相物。[①]

表3-4为主流烟气中的醛类物质含量和过滤嘴截留的醛类物质含量，可以看出，竹炭纤维相较于醋酸纤维能有效降低香烟主流烟气中醛类物质的质量；且由竹炭纤维制成的滤棒，其主流烟气中醛类物质的质量只有64.9 μg /支，比香烟原样降低了51.82%，说明竹炭纤维对降低香烟主流烟气中醛类物质含量有非常好的效果。

表3-4　主流烟气中的醛类物质含量和过滤嘴截留的醛类物质含量

截留物	每支香烟产生的主流烟气中醛类物质的质量 /μg·支$^{-1}$	烟气中醛含量降低比例 /%
竹炭纤维	64.90	51.82
醋酸纤维	134.69	0

3.3　含纤维素纸质滤棒的发展历程

卷烟滤棒最早便是采用的纸质滤棒。1925年，匈牙利人Aivaz发明了用皱纸或皱纸与纤维素软填料制造的过滤嘴，同时第一个商业化的纸质滤棒卷烟于1931年在市场上销售。自20世纪五六十年代有关吸烟有害健康的流行病学研究结果发布后，消费

① 胡凤霞，杜兆芳，韩晓建，等.竹炭纤维滤嘴对香烟主流烟气中醛类物质的过滤效果[J].纺织学报.2012(12),10-14.

者已充分认识到吸烟的危害性。卷烟过滤嘴棒可滤除主流烟气中的部分有害物质,降低主流烟气对人体和环境的危害,但以纯木浆为原料的纸质滤棒(PW 滤棒)存在抗水性差(吸水性强)、弹性差、吸味差、烟气干燥及对喉部刺激感稍大等缺陷,导致长期以来未能在卷烟中得到广泛应用。

随着人们对吸烟与健康问题的不断关注,以及卷烟降焦减害工程的深入推进,具有优良降焦功能的纸质滤棒重新引起了人们的关注。近年来,国内外研究人员不断致力于纸质滤棒的改进研究。改进方向包括:(1)研发复合纸质滤棒,例如醋酸纤维涂层纸、活性炭纤维纸;(2)添加其他成分,例如在木浆纤维中加入金属螯合物;(3)方法改进,例如多层干法膨化纸质滤棒、预压纹纸质滤棒。

纸质滤棒对焦油和烟碱截留效率更高,且经济环保,但容易热坍塌、有纸味等缺点限制了大规模商业化应用。以醋酸纤维(配比70%以上)和植物纤维配抄的醋酸纤维纸(CAP)制成的嘴棒(CAPF)兼具醋酸纤维和纸质滤材的特点,吸附性好、回弹性能佳、对焦油的截留效果好。纸质滤棒与醋酸纤维滤棒优缺点分析见表 3-5。

表 3-5 纸质滤棒与醋酸纤维滤棒优缺点分析

	纸滤嘴	醋纤滤嘴
组成	以纸为过滤材料	以二醋酸纤维为过滤材料
优点	成本低、价格低,原材料资源丰富; 经济效益好,设计灵活; 吸收通道丰富,对焦油和烟碱截留效率更高; 生物降解性好,对环境友好	热稳定性好,弹性佳; 吸阻稳定,外观佳; 无毒无味,口感佳

续表 3-5

	纸滤嘴	醋纤滤嘴
缺点	吸湿性强，受潮易软化，抽吸过程易“热坍塌”； 过度吸附烟气，有“纸味”； 易压缩变形，吸阻稳定性差； 对酚类物质截留能力低	资源制约，工艺复杂，投资成本高； 难自然降解，回收过程中易对环境造成污染； 应用时不够灵活

4 纤维素材料滤棒领域应用的竞争格局分析

纤维素材料在滤棒领域的应用技术范围包括纤维素滤棒和含纤维素的纸质滤棒两大类。纤维素滤棒可具体细分为醋酸纤维滤棒、聚丙烯纤维滤棒、聚乳酸纤维滤棒和碳纤维滤棒等；而含纤维素的纸质滤棒特指通过醋酸纤维、聚丙烯纤维、聚乳酸纤维、碳纤维改性的纸质滤棒，不包括纯纸质滤棒。

4.1 国外竞争格局分析

4.1.1 发展趋势总览

经检索发现，公开日截至 2023 年 11 月 20 日，国外与纤维素材料在滤棒领域的应用相关的专利申请共有 5873 件，第一件相关专利申请于 1925 年，近一百年来（1924—2023 年）相关专利申请趋势如图 4-1 所示。整体上看，国外相关技术的发展可以分为下述几个阶段：

技术萌芽期（1929—1952 年）：第一件将纤维素材料应用于卷烟滤棒的技术专利是由英国申请人 ZOLTAN BRAZAY 于 1929 年申请，该专利保护一种用于香烟的改进的过滤棉及其制造方法[①]，将纤维素、棉絮、滤纸或其他纤维素材料浸泡在稀硫酸中，充

---

① ZOLTAN BRAZAY. Improved filter wads for use in smoking tobacco, and a process for their manufacture:GB, GB1929033299[P]. 1929-11-01.

分加热使纤维外表面碳化，然后浸渍于重金属盐（如氯化铁）或柠檬酸、酒石酸或单宁酸等适于结合尼古丁的材料中，然后用这种结构构成的絮状物材料制作成小的圆柱体，用于香烟过滤嘴，主要用于对香烟中尼古丁的吸附过滤。该申请人于同年还申请了与生产用于烟草烟雾解毒的含有尼古丁结合物质的纤维素材料的方法相关的专利[①]，后续在滤棒领域没有新的技术突破。直到20世纪50年代，领域内相关专利申请人和申请量都还很少，技术发展缓慢，每年专利申请数量维持在个位数。

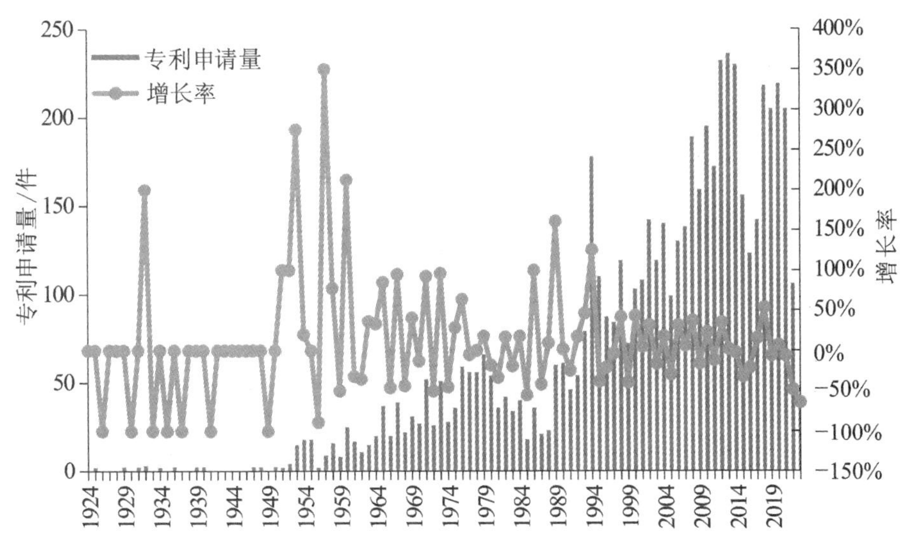

图 4-1 国外纤维素材料滤棒相关专利申请趋势图

技术平稳发展期（1953—2000年）：1953年之后，真正意义上的醋酸纤维滤棒逐渐出现在消费者视野，1954年，英国皇家医学会发表“吸烟与健康”报告，加速了消费者对滤棒过滤性能的需求。关于滤棒材料、滤棒结构以及滤棒生产工艺设备等技术的研究在欧洲广泛展开，英国、德国、法国、美国等国都陆续有相关专利产

① ZOLTAN BRAZAY. Verfahren zur Herstellung eines mit Nikotin bindenden Stoffen versehenen, zur Entgiftung des Tabakrauches dienenden Fasermateriales: AT, AT124419DA [P]. 1929-10-17.

出。其中又以英美烟草、菲莫国际等欧美老牌烟草公司,以及化纤领域的伊斯曼科达公司和卷烟合成有限公司等表现最为突出,研发成果和专利布局数量不断累积,为纤维素材料在滤棒领域的应用发展奠定了坚实基础。经过几十年的发展,1995 年,国外滤棒专利数量首次突破百件。

技术快速发展期(2000 年至今):2000 年后,国外烟草企业和滤棒过滤材料供应商的专利申请进入快速发展期,专利申请增长率维持稳定、专利申请量持续攀升,并在 2012—2014 年达到最高峰,三年专利申请数量均超过 230 件。这一阶段,英美烟草、菲莫国际和日本烟草的专利申请活动最为活跃,它们布局了大量相关专利,以绝对领先优势排名前列。

需要说明的是,由于专利申请后,公开时间有延后[①],因此近 2～3 年申请的专利未被完全统计在内,图中近 2～3 年的专利申请数量仅供参考,不能如实反映国外滤棒专利申请趋势。

4.1.2 市场竞争格局

以纤维素材料在滤棒领域的应用相关的专利申请国/地区为统计对象,目前专利申请数量排名前十的国家/地区如图 4-2 所示。

从企业经营层面来看,专利申请是一种投资形式,是为企业产品或技术获得市场竞争力的重要途径,各大企业纷纷将美国、日本、欧洲、韩国视作重点目标市场,花费大量的财力和人力成本展开专利布局工作,可见这些地区的市场竞争最为激烈,市场成熟度较高,

① 专利未完全公开:在本次专利分析所采集的数据中,由于下列多种原因导致近两年提出的专利申请的统计数量比实际的申请量要少:向各专利局提交专利申请后,专利公开时间有延后,例如,中国发明专利申请通常自申请日起 18 个月(要求提前公布的专利申请除外)才能被公布;PCT 专利申请可能自申请日起 30 个月甚至更长时间之后才进入国家公布阶段,从而导致与之相对应的国家公布时间更晚(以下所有趋势分析相同)。

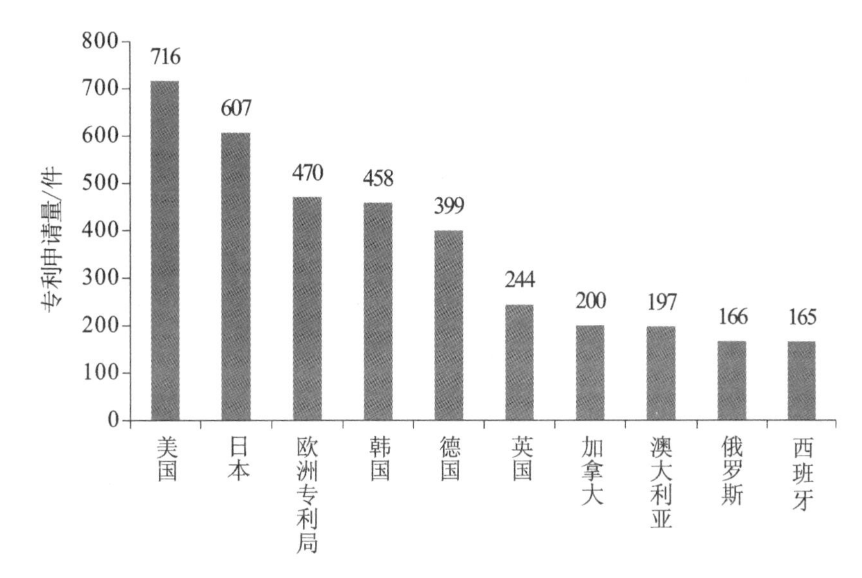

图 4-2　国外纤维素材料滤棒专利受理局分布

申请人有意将其申请的专利投放到这些成熟市场并获得收益。

(1)成熟市场

由图 4-2 可知,将纤维素材料应用于卷烟滤棒的技术领域,美国、日本、欧洲、韩国和德国是专利申请竞争较为激烈的市场,截至 2023 年 11 月,专利申请量分别为 716 件、607 件、470 件、458 件和 399 件。图 4-3 所示为相应国家或地区相关专利主要申请人及各自的专利法律状态分布情况,具体来看:

在美国市场,排名前三的专利申请人是菲莫国际、雷诺烟草和英美烟草。美国企业非常重视在本土市场的专利布局,尤其是菲莫国际,以 140 件专利申请数量在美国市场排名第一,大幅度领先其他企业,且专利有效性及专利申请的持续性维持得较好,有效专利占比为 55%,审中专利占比也较高。

在日本市场,持有专利数量最多的是菲莫国际,而日本本土烟草公司日本烟草专利持有量紧随其后,此外,包括英美烟草、雷诺烟草和益升华等在日本也布局了大量专利。欧美烟草公司非常看重日本市场，通过大量专利布局工作，为其滤棒甚至是卷烟产品或技术在日本的市场竞争提供了重要支撑。

在欧洲市场，菲莫国际和英美烟草占据明显领先优势，同时日本烟草也非常重视在欧洲市场的专利布局，但专利申请数量与菲莫国际相比有明显差距。其中，在德国市场，各大烟草品牌的相关专利布局呈现更加均衡的趋势，排名第一的英美烟草专利布局量为38件，其他如菲莫国际、里滋麻烟草、日本烟草、株式会社大赛璐、雷诺烟草、伊斯曼柯达等在德国均有一定数量的专利布局。在英国市场，其本土企业英美烟草相关专利申请持有量最多，伊斯曼柯达公司和卷烟合成公司也有一定数量的专利申请，但英国市场专利申请较早，且各申请人在英国的专利布局缺乏持续性，失效专利占比较高，截至目前排名前三的专利持有人所有相关专利均已失效。

在韩国市场，韩国本土烟草品牌专利申请量最高，国外的菲莫国际、英美烟草、日本烟草、里滋麻烟草等在韩国也有一定数量的专利布局，国际巨头也十分重视韩国市场。

通过以上分析可知，日美欧市场都呈现专利高度集中的状态，美、英、日等国的老牌烟草公司为主要的专利大户。专利的高度集中，代表着日美欧市场已趋于成熟和稳定，集专利优势、研发优势和市场优势于一体的综合性龙头企业已经占据稳定局面，为后续其他企业进军日美欧市场设置了障碍。日美欧市场技术门槛较高，且专利风险等级较高，国内企业如想进军成熟市场，应当提前做好防侵权检索和分析，以免侵犯他人专利权而招致损失。以菲莫国际、英美烟草为代表的欧美老牌烟草公司不仅在本土市场具有绝对专利优势，还成功开展了海外布局工作，在全球主要竞争市场均持有大量专利，而日本烟草和韩国烟草只在其本土具有专利领先优势，在美德英市场专利布局受限，专利数量尚无法和欧美老牌烟草公司抗衡。

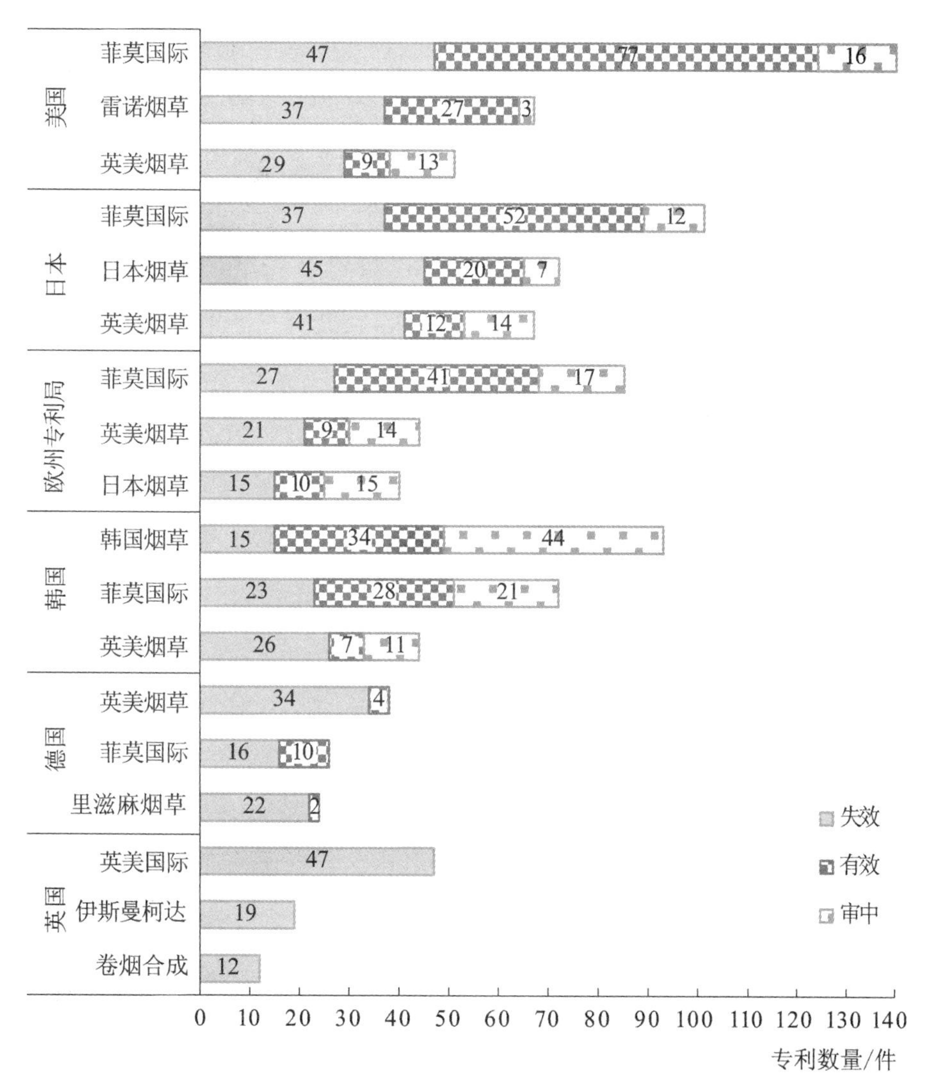

图 4-3　国外成熟市场纤维素材料滤棒相关专利主要申请人

(2)新兴市场

2022 年,国内外烟草市场总体呈现平稳状态,比较各国烟草销售额及同比增长率发现,土耳其、印尼、波兰、印度、西班牙、澳大利亚和意大利等国家同比增长率较高,市场需求处于稳步上涨阶段,与美日欧等市场相比,这些市场局势尚未有定论,市场成熟度较低，是处于发展中的新兴烟草市场。在这些新兴烟草市场中，加拿大、澳大利亚、俄罗斯和西班牙专利申请数量相对较多。本小节对这四国市场的主要专利持有者进行统计分析，以期了解这些市场的竞争局势，为国内企业进军新兴市场提供参考意见。

如图 4-4 所示，通过对目标市场相关专利主要申请人的统计分析发现，加拿大、澳大利亚、俄罗斯和西班牙的专利竞争格局大体相似，英美烟草和菲莫国际均处于“第一梯队”，在专利申请数量上具有绝对领先优势，所不同的是，在加拿大和俄罗斯，日本烟草位列第三，而在澳大利亚和西班牙，德国的里滋麻烟草持有的专利更多。

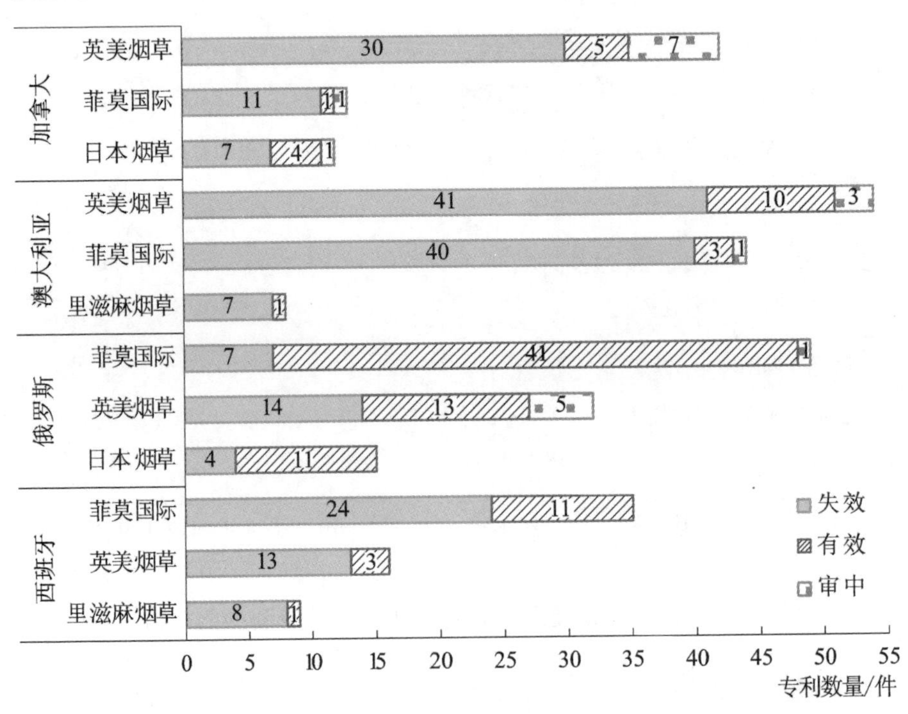

图 4-4　国外主要新兴市场纤维素材料滤棒相关专利主要申请人

此外，加拿大、澳大利亚和西班牙等国家的相关专利申请较早，因已过专利保护期而使得失效专利占比较高。相比之下，菲莫国际、英美烟草和日本烟草等国际烟草巨头的相关专利更晚布局到俄罗斯,大部分专利于2010年后申请,截至目前,有效专利占比较高。

4.1.3 创新主体分析

按照专利申请量对国外申请人进行排名,前十名主要创新主体的专利申请量及其专利法律状态分布如图4-5所示,整体上看,国外领域内的主要创新主体包括两类:其一是菲莫国际和英美烟草等国际烟草公司;其二是益升华和伊斯曼柯达等滤棒生产企业和滤棒滤材供应商。

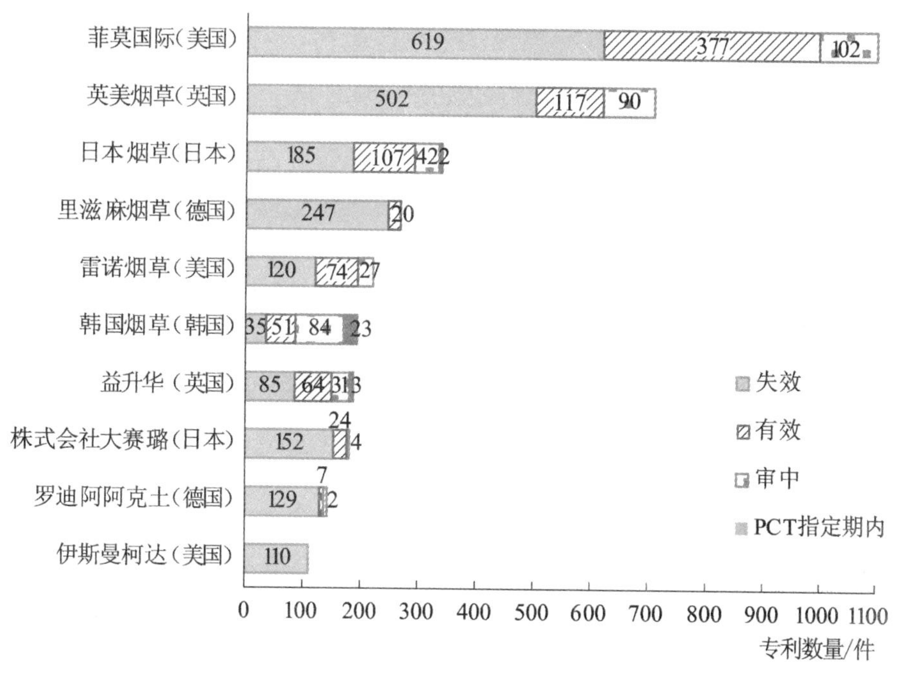

图4-5 国外纤维素材料滤棒相关专利主要创新主体

(1)四大烟草公司

从专利申请数量来看,全球四大烟草公司中菲莫国际、英美烟草和日本烟草跻身前三名,而帝国烟草专利申请总量较少,未能进入前十。

菲莫国际作为全球第一大烟草公司,产品覆盖180多个国家和地区。该公司不仅专利申请总数量排名第一，且目前维持有效的以及处于审中状态的专利数量均领先于同行。由此可见，该公司不仅有着丰富的专利储备和技术积累，多年来还一直保持高水平的研发活跃度，专利申请持续性较好。近几十年来，菲莫国际的专利壁垒不断加高，对同行企业形成竞争压迫。

英美烟草专利申请数量排名第二。从产品市场分布情况来看，英美烟草市场覆盖范围最为广泛，产品销往全球200多个国家和地区，相应地，该公司专利分布区域也极为广泛，在全球一百多个国家都有专利申请，但在大多数国家专利申请数量不足10件。

日本烟草专利申请数量排名第三，该公司在日本本土专利申请数量紧随菲莫国际排名第二，在欧洲、加拿大和俄罗斯进入前三。1985年前后，菲莫国际和英美烟草开放烟草市场，开始国际化之路，日本烟草在国内烟草需求乏力的倒逼下，也开始效仿欧美烟草公司走国际化发展路线，逐步加大海外专利布局力度，目前在中、美、英等国，日本烟草专利申请量都能跻身前列。

(2)滤棒生产企业

排名第七的英国益升华是全球知名的香烟滤棒制造商，其滤棒产品涵盖各大种类，客户群体包括菲莫国际、英美烟草等国际巨头。目前为止，益升华相关专利持有量为183件，其中失效专利占比46%左右，审中专利占比约17%，专利产出的持续性较好，此外，益升华也十分注重海外市场的专利布局，主要目标市场包括欧洲、日本、美国等。

排名第八的日本株式会社大赛璐、排名第九的德国罗迪阿阿克土和排名第十的美国伊斯曼柯达等均为化工领域企业，是全球醋酸纤维丝束和卷烟滤嘴丝束巨头，为烟草企业或滤棒企业供应过滤材料，在纤维素材料领域掌握着核心技术，各自在领域内都有一定数量的专利申请。整体来看，这类原材料供应商相关专利大部分已失效，具体失效原因主要是授权后未缴年费或期限届满。存在大量未能得到充分维持的授权专利可能是由于技术更迭快，专利技术被市场淘汰，维持成本高于专利带来的经济效益，因此专利权人主动放弃。这些失效专利所披露的技术方案已不再受专利权保护，成为公开技术，在不侵犯其他在先权利的情况下，任何人都能加以利用，比如可以对这些公开技术进行研究和借鉴，获取有价值的技术方案，这对企业研发工作的提质增效无疑是一笔可贵的信息资源。

4.2　国内竞争格局分析

4.2.1　发展趋势总览

经检索发现，公开日截至 2023 年 11 月 20 日，国内与纤维素材料在滤棒领域的应用相关的专利申请共有 2359 件，相关专利申请趋势如图 4-6 所示。

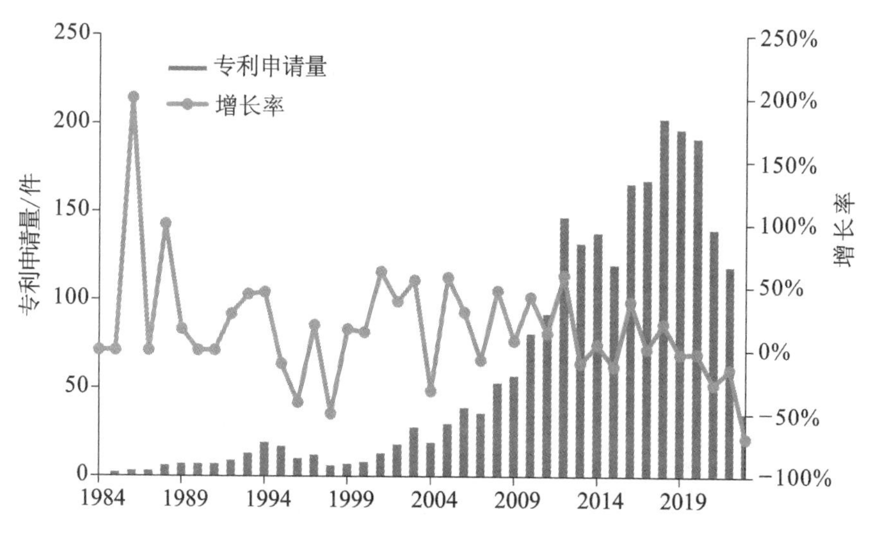

图 4-6　国内纤维素材料滤棒相关专利申请趋势图

国内对纤维素材料滤棒的技术研究晚于国外，且《中华人民共和国专利法》于 1985 年才正式实施。国内首件滤棒相关的专利申请出现在 1985 年，当年仅有 1 件纤维素材料滤棒相关专利申请。国内纤维素滤棒技术在经过近十年的发展后，于 2008 年专利申请数量才首次突破 50 件，这也意味着国内滤棒技术经过了技术萌芽期，开始步入缓慢发展期。之后，国内滤棒专利申请数量保持稳步增长，上升趋势稳定，直到 2012 年专利年申请量突破 100 件。

随着我国经济发展水平和国民生活水平提高，吸烟与健康的问题逐渐受到全社会关注，在全球“降焦令”和“禁塑减塑令”的大环境下，国家于 2012 年颁布《中国烟草控制规划（2012—2015）》，对烟草市场的调控力度加大，市场竞争进一步加剧，消费群体对烟草危害认知不断提升，行业对烟草过滤性能、安全性、吸食性、环保性等的研究广泛展开。这些研究热点成为我国烟草公司革新技术的主要突破点，同时也直接促进了国内纤维素滤棒专利申请数量的大幅度攀升，并于 2018 年达到最高峰，当年公开的专利申请数量达 200 多件。

近几年来，国内纤维素滤棒领域的专利申请仍维持在较高水平，由于专利申请后公开时间的延后，近两年专利申请未被完全统计在内，图中近两年专利数据仅供参考，不能客观反映专利申请趋势。

4.2.2　省市分布分析

国内主要省市都有纤维素材料滤棒相关专利产出，专利申请数量排名前十的区域如图 4-7 所示，其中云南省以 416 件相关专利申请位列第一。

从各主要省市主要申请人角度来看，如图 4-8 所示，各个地方中烟工业是最主要的申请人，如云南中烟、广东中烟、河南中烟、湖

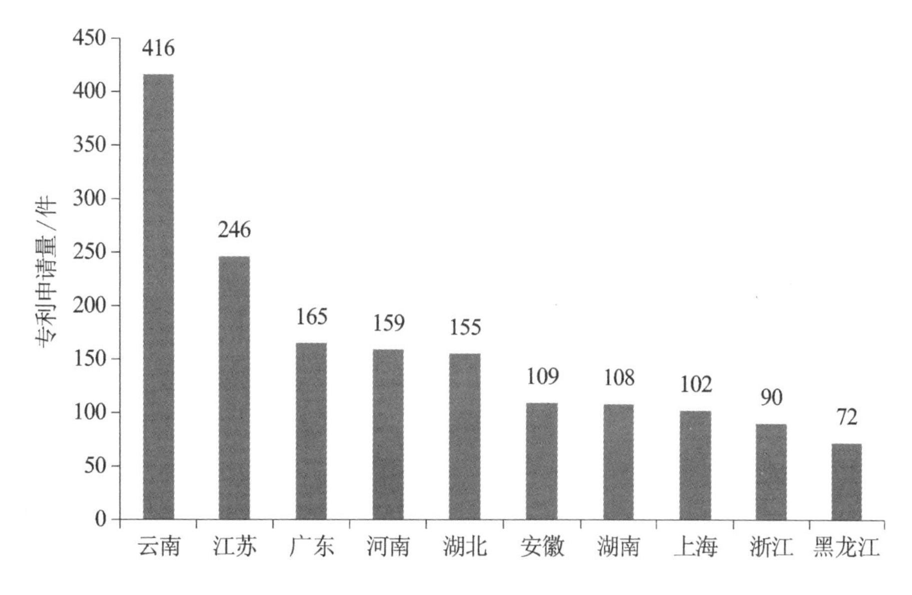

图 4-7 国内纤维素材料滤棒相关专利区域分布

北中烟、湖南中烟等均为对应省份最主要的申请人。其次是各地的卷材材料厂、过滤嘴生产商和丝束过滤材料供应商等，如江苏省的南通醋酸纤维有限公司、南通烟滤嘴有限责任公司、江苏大亚滤嘴材料有限公司、湖北中烟卷烟材料厂、滁州卷烟材料有限责任公司和蚌埠黄山新材料科技有限责任公司，以及常德芙蓉大亚化纤有限公司等。各地烟草研究院等在前沿技术上保持着持续产出，如云南省的烟草科学研究院、河南省的郑州烟草研究院等。此外，地方中烟联合属地高校也有合作专利产出，比如浙江中烟与浙江大学的合作研究项目等。

从相关专利的法律状态来看，各省市主要申请人专利有效性维持较好，部分失效专利是由于申请较早，已过保护期限。此外，市场大环境需求下，对滤棒的过滤性能、安全性、可靠性和环保性等方面都提出了新的要求，各省市主要申请人在该领域持续攻坚克难、专利产出较高，处于审中状态的专利比重较高。

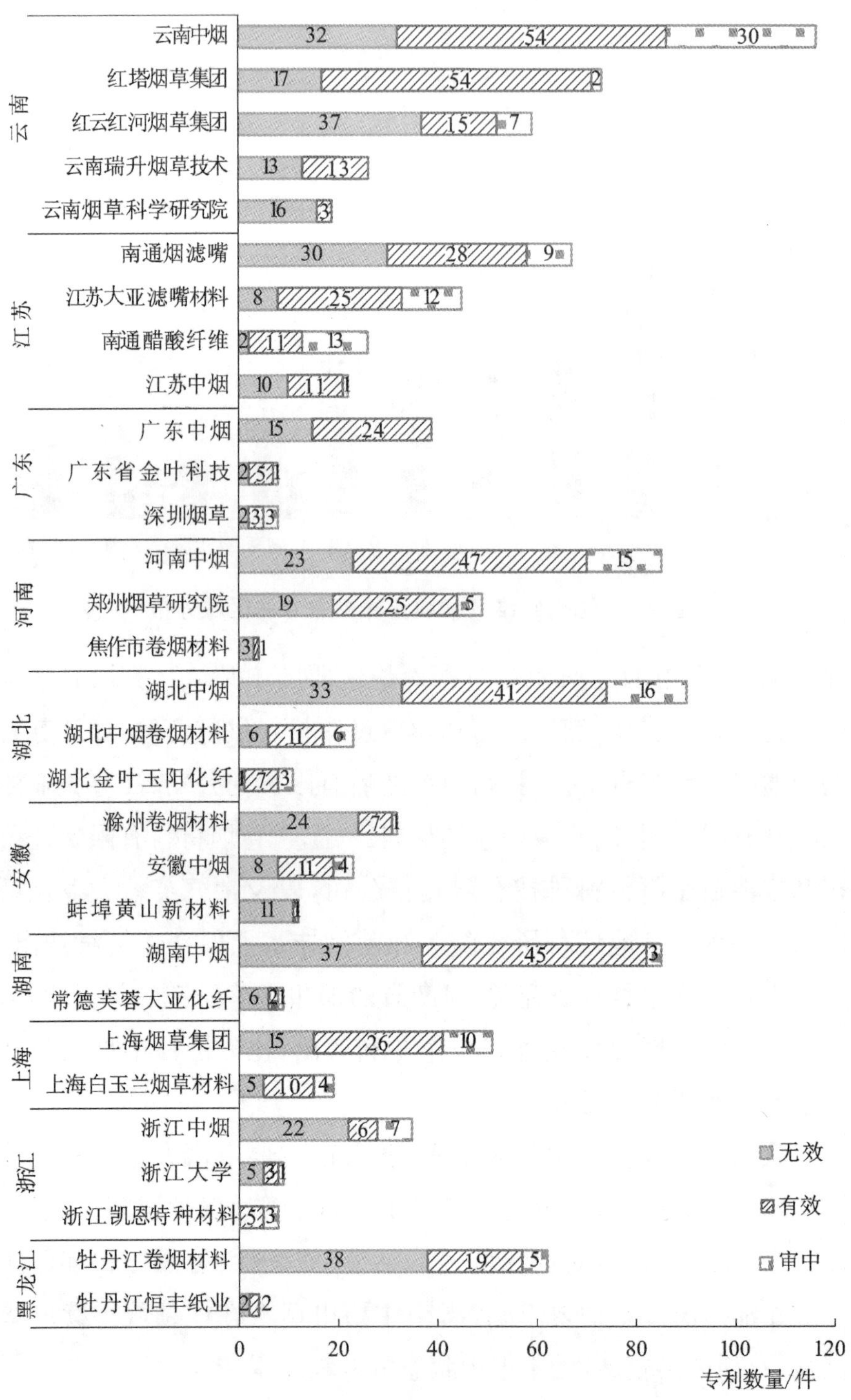

图 4-8　国内纤维素材料滤棒相关专利区域分布

4.2.3　创新主体分析

经统计,国内纤维素材料滤棒专利申请量排名前二十的申请人如图 4-9 所示,主要创新主体大致可分为五类。其一是各地方

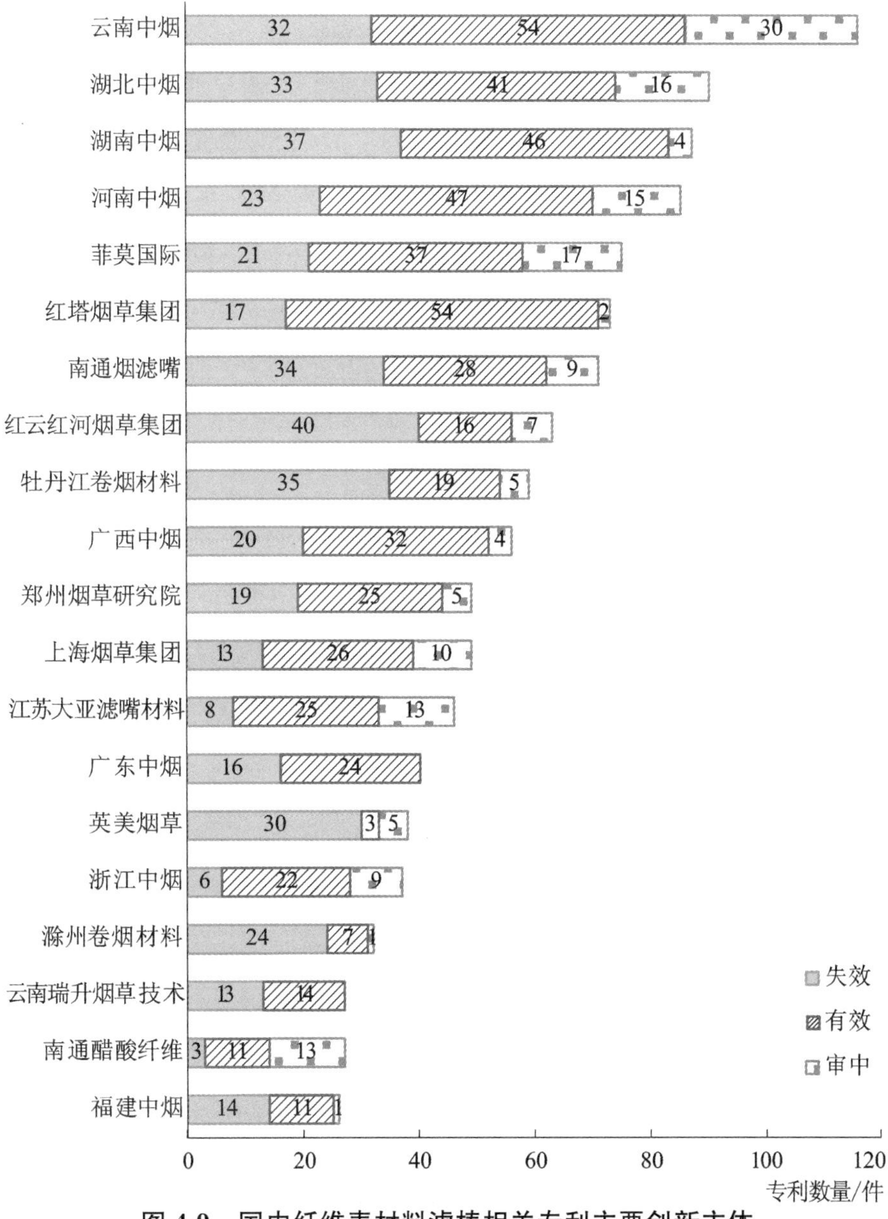

图 4-9　国内纤维素材料滤棒相关专利主要创新主体

中烟工业，云南中烟以116件相关专利申请位列榜首，且专利有效性和申请持续性突出，而湖北中烟、湖南中烟和河南中烟紧随其后，在前二十创新主体中地方中烟工业占据八席。其二是以郑州烟草研究院、云南烟草科学研究院、云南瑞升烟草技术（集团）有限公司为代表的科研机构，在纸质滤棒添加纤维素材料等新技术方面持续有专利产出。其三是以云南省的红塔烟草集团、红云红河烟草集团和上海烟草集团等为代表的地方烟草企业。其四是以南通醋酸纤维有限公司、南通烟滤嘴有限责任公司、江苏大亚滤嘴材料有限公司、滁州卷烟材料有限责任公司、牡丹江卷烟材料厂有限责任公司等为代表的滤棒生产企业或过滤材料供应商，专门针对滤棒及纤维素材料进行研究开发。此外，海外烟草巨头如菲莫国际和英美烟草等在中国也进行了一定数量的专利布局。

5 纤维素材料在滤棒领域应用的工艺分析

5.1 各类型纤维素材料的应用工艺分析

目前,专利技术方案中披露的滤棒纤维素材料主要有醋酸纤维、碳纤维、聚乳酸纤维、Lyocell 纤维。其中醋酸纤维相关专利最多,占比超过了 60%;其次是碳纤维,专利占比超过了 20%;聚乳酸纤维占比 8%,Lyocell 纤维占比 3%,见图 5-1。可见,目前滤棒领域的纤维素材料仍以醋酸纤维为主,碳纤维其次,上述两种类型的纤维素材料是目前研究和布局的重点。

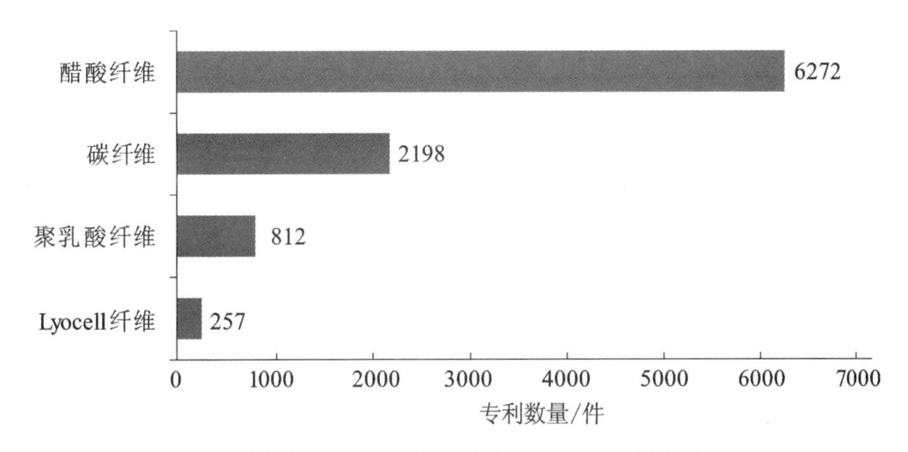

图 5-1 滤棒领域不同类型纤维素材料专利分布情况

在滤棒领域,醋酸纤维仍是研究和布局热点,聚乳酸纤维发展势头向好。醋酸纤维近二十年的专利年申请量始终高于其他材料,并且整体呈现增长态势,2020 年,专利年申请量接近 350 件。碳纤维材料在近二十年专利申请量趋于平稳,发展趋势尚不明朗。

相比醋酸纤维和碳纤维，聚乳酸纤维的研究起步较晚，但随着“限塑令”的施行，可降解的聚乳酸纤维成为最具竞争力的替代材料之一，吸引了研究者们的广泛关注，专利申请量在 2018 年超过碳纤维材料，并呈现增长态势。Lyocell 纤维作为新兴滤棒材料，仍处于探索阶段，专利申请量较少。见图 5-2。

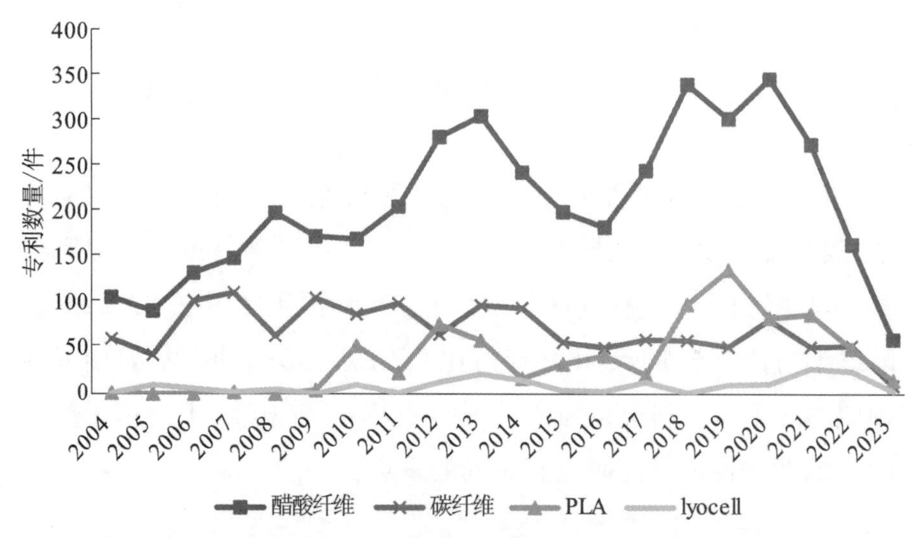

图 5-2　滤棒领域不同类型纤维素材料专利申请趋势图

5.1.1　醋酸纤维应用工艺

醋酸纤维作为滤棒中最常见的纤维材料，也是应用最为广泛的滤棒过滤材料之一。20 世纪 80 年代，醋酸纤维在卷烟滤棒中的使用已实现工业化生产，且其不改变香烟口感、方便加工、降焦减害功效等优势明显。

采用醋酸纤维制备的滤棒通常包括两种：

(1)直接以木材、棉短绒为原料经与醋酸等化工原料反应制得纺丝原料醋片后再经纺丝制得纤维，再成型成醋酸纤维丝束滤棒。① 醋酸纤维丝束滤棒成型工艺是将纯化后的纤维素在催化剂

① 林云. 卷烟滤嘴研究进展[J]. 科技信息. 2013,(25),480.

存在下与醋酐反应,再经纺丝和卷棒制成香烟滤棒,具体如下:纤维素(棉短绒或水浆粕)→精制棉→酯化(与醋酐作用,通常以硫酸作催化剂)→水解(由三醋酸纤维素水解为二醋纤)→沉析造粒→水洗和干燥→溶于丙酮→纺丝卷曲成束→丝束加工→滤棒成型。[①]

(2)基于醋酸纤维改性过滤纸制备成形纸质滤棒。例如,李克等[②]发明了一种卷烟滤棒制备用的醋酸纤维涂层纸,它是以植物纤维、人造纤维、化学纤维或其他改性纤维中的一种或几种制造的纸为原纸。

由于通过醋酸纤维到达人体的卷烟烟气中仍含有大量不明有害成分,因此,醋酸纤维的改性成为研究的重点,诸多专家对醋酸纤维改性过滤纸制备成形纸质滤棒进行研究。例如,陈雪峰等人[③]将醋酸纤维与植物纤维混合,采用湿法造纸配抄出醋酸纤维纸(CAP 纸),然后成型成醋酸纤维纸质滤棒(CAPF),CAPF 具有吸附性好、回弹性能佳、对焦油的截留效果好等优势,同时还提高了废弃醋酸纤维的利用率,减少了其焚烧处理造成的环境负担。盛培秀等人[④]在对 CAP 纸进行性能研究的基础上对滤棒(CAPF)做了系统性研究。结果表明,CAP 原纸的紧度及抗张强度随醋酸纤维的含量升高而降低,柔软度随醋酸纤维含量升高而升高,为保证填充原纸的强度,醋酸纤维的添加临界比例为 70%,由于木浆纤维的吸湿性强于醋酸纤维,因此以醋酸纤维和植物纤维为原料的 CAP 纸的吸水能力适中,一定程度上缓解了纸嘴棒"热塌陷"的问

---

① 赵美玲.二醋酸纤维素香烟过滤嘴[J].化工新型材料.1982 (07).19-21.

② 李克,金勇,梅挺涛,等.一种卷烟滤棒制备用的醋酸纤维涂层纸、纸质滤棒及制备方法:中国,CN200810143461.9[P].2007-4-15.

③ 陈雪峰,陈哲庆,赵涛,等.卷烟滤嘴棒填充纸及嘴棒性能的研究[J].中国造纸,2011,30(08):13-17.

④ 盛培秀,王月江,黄小雷,等.含有醋酸纤维素的纤维纸及滤棒的开发与性能研究[J].烟草工艺,2014,(01):5-11.

题，可有效保持烟气中的香气、水分，并降低了干刺感。经分析检测，CAPF 的总孔面积约是单一醋纤嘴棒的 3 倍，由于植物纤维富含纹孔，且当纤维经过打浆工序后分丝帚化，其比表面积增大，因此，与单一醋纤维滤棒相比，以醋酸纤维纸制成的滤棒可有效降低烟气中 15%～41%的焦油量，每毫米的降焦效率提高 1.5%以上；针对其他有害物质，CAPF 滤棒可有效降低烟气中的氢氰酸（HCN）、氨气（NH_3）、苯并[a]芘（B[a]P）、甲基亚硝酸胺吡啶基丁酮（NNK），其中，由于 NH_3 极易溶于水，且木浆纤维具有较强的吸湿性，因此 NH_3、B[a]P 降低 15%以上，NNK 降低 20%以上；在抽吸体验上，CAPF 优于纸类-醋酸纤维复合嘴棒，且刺激性较低。

5.1.1.1 创新主体分析

通过分析专利数据，对国内外相关厂商进行了深入的研究。图 5-3 展示了醋酸纤维滤棒领域全球专利申请量排名前十的专利申请人，它们均为国外企业。菲莫国际、英美烟草在该技术领域具有一定的技术优势，专利申请量均在 500 件以上。排名榜中其余申请人的专利申请量均在 100 件以上，但是与前述两家公司存在明显差距。

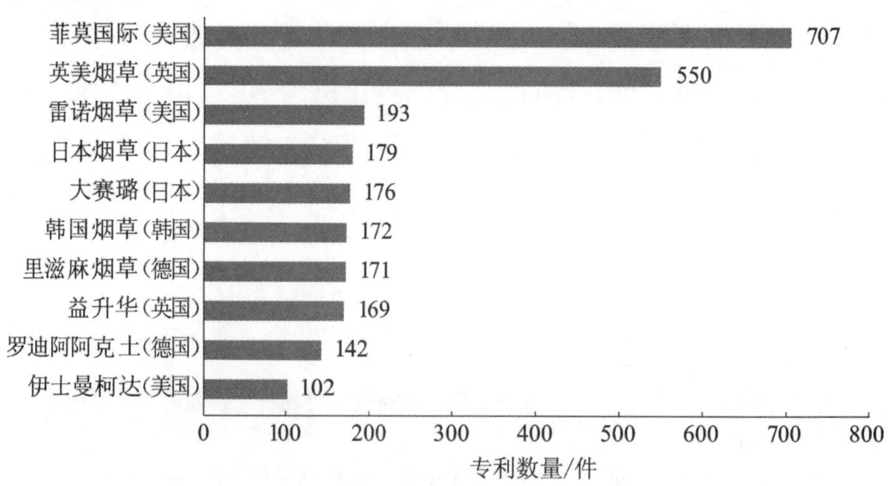

图 5-3 醋酸纤维滤棒领域全球前十专利申请人排名

醋酸纤维领域，全球范围内专利申请量排名前十的申请人均为国外企业，国内企业在该技术领域相较于菲莫国际、英美烟草等国际巨头仍具有一定差距。单独针对国内申请人进行排名，发现国内创新主体主要为中烟烟草在各地设立的工业公司和烟滤嘴、卷烟材料等配套企业，其中以云南中烟、河南中烟、湖南中烟、湖北中烟表现最为突出。见图 5-4。

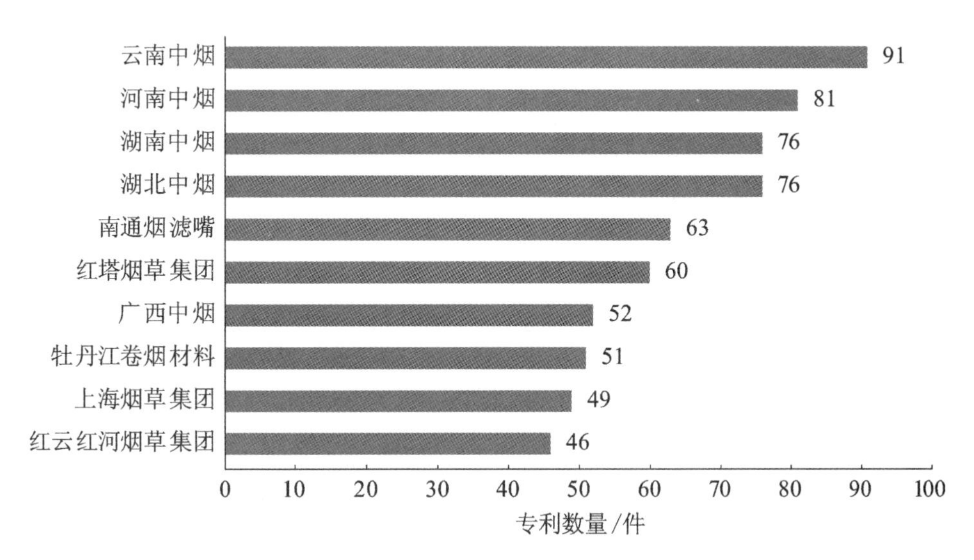

图 5-4　醋酸纤维滤棒领域中国前十专利申请人排名

5.1.1.2　菲莫国际应用工艺研究

菲莫国际作为醋酸纤维滤棒技术领域的龙头企业，是当今世界上第一大烟草公司，总部设在美国纽约。菲莫国际在早期(20 世纪 60 年代)利用醋酸纤维丝束与活性炭的结合，提高过滤材料的吸附效果；中后期则通过添加其他吸附材料，进一步提高了减害效果。

专利 US1960069411 公开了一种“纤维香烟过滤嘴”，包括过滤介质、分布在介质表面的活性炭、以及介质和活性炭之间的黏附剂。其中，过滤介质选自乙酸纤维素、纸、玻璃纸或漂白亚硫酸盐；黏附剂为包含聚乙烯吡咯烷酮和多元醇，多元醇优选甘油、二甘醇、三甘醇、丙二醇或聚乙二醇。① 专利 DE1517314 公开了一种“烟草烟雾过滤器”,包括醋酸纤维素丝束、活性炭颗粒以及聚亚烷基二醇。其中,活性炭颗粒的筛孔尺寸为 12～30 目,聚亚烷基二醇的分子量为 600～20000;且在每 100 份醋酸纤维素丝束中包含 2～200 重量份的活性炭颗粒和 2～25 重量份的聚亚烷基二醇。②

20 世纪 90 年代,菲莫国际通过在滤棒中添加其他吸附材料,一方面提高了用户的抽吸体验,另一方面增强了减害效果。专利 US08/339530 公开了一种“具有醋酸纤维素丝束外围和载有碳颗粒的网状过滤芯的同心吸烟过滤器”,包括具有网状材料的中心芯、由纤维束滤材材料制成的围绕中心芯的周围层以及分布在中心芯的碳颗粒。见图 5-5。其中,碳的水分含量介于碳干重 3%～20.5%之间,丁烷活性介于 19%～27%之间,纤维束滤材材料为醋酸纤维素丝束。③ 专利 CN1328422A 公开了一种“卷烟过滤嘴”,包含与非挥发性无机基质共价键合的反应性官能团组成的试剂,试剂与烟雾流的气态组分发生化学反应从而除去气态组分,过滤元件为乙酸纤维素纤维和/或聚丙烯纤维。见图 5-6。

5.1.1.3 英美烟草应用工艺研究

英美烟草是世界第二大上市烟草公司,成立于 1902 年,集团业务遍及全球 200 多个国家/地区。英美烟草的品牌多样,包括 555、健牌、金边臣、希尔顿、总督、卡碧、时运等。上述品牌大致可分为三类:第一类是国际品牌,主要有 555、健牌、乐富门等,这些品

① PHILIP MORRIS INCORPORATED. Fibrous cigarette filter:美国, US1960069411 [P]. 1963-08-27.

② PHILIP MORRIS INCORPORATED. Filter für Tabakrauch:德国, DE1517314 [P]. 1974-05-22.

③ PHILIP MORRIS INCORPORATED. Concentric smoking filter having cellulose acetate tow periphery and carbon-particle-loaded web filter core:美国, US08/339530 [P]. 1997-04-22.

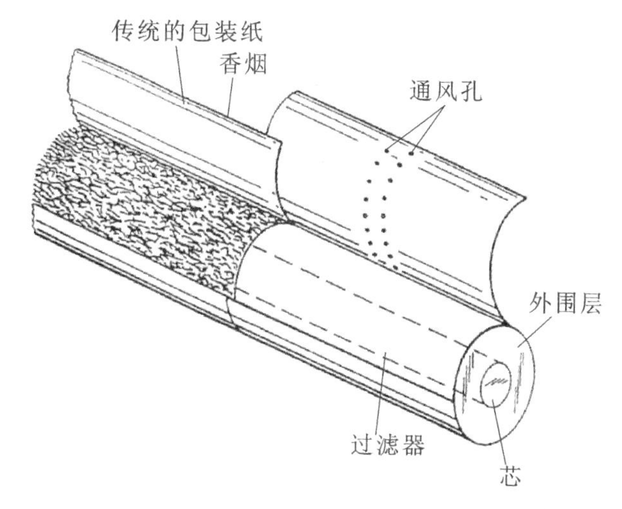

图 5-5 专利 US08/339530 **附图**

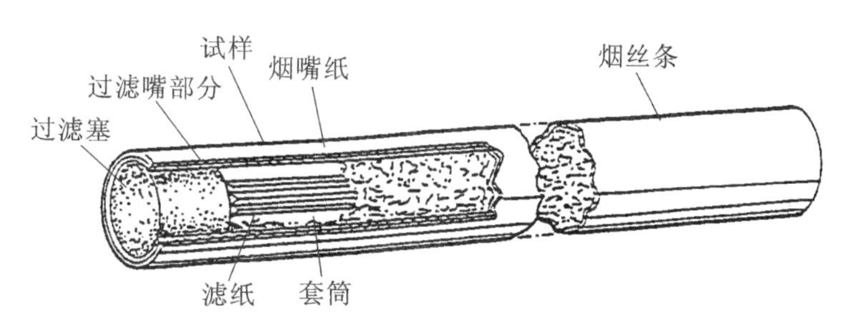

图 5-6 专利 CN1328422A **附图**

牌在一百多个国家畅销，是英美烟草的业务核心和主要利润来源；第二类是区域性品牌，例如英美烟草在欧洲生产的一些品牌；第三类是仅在一国或一个地方销售的品牌，如中国合资厂生产的“黑猫”和“君子竹”品牌。

英美烟草对于醋酸纤维的应用，从前期直接应用醋酸纤维丝束，逐渐发展出将醋酸纤维丝束与其他丝束复合使用，以及通过改进滤棒结构来提高醋酸纤维丝束滤棒的性能。

20 世纪 60—70 年代，英美烟草在专利 GB932570A 中公开了一种烟草烟雾过滤器改进技术，包括圆柱形外壳，在这种圆柱形外壳中填充醋酸纤维素长丝束作为过滤材料，并在该过滤材料中分散布置60～400mg的沸石材料。[①] 专利GB1358622A公开了一种"烟草烟雾过滤器",包括在烟草部分邻接填充的多孔纤维素酯丝,该多孔纤维素酯丝包括乙酸纤维素、丙酸纤维素和/或丁酸纤维素,且多孔纤维素酯丝的每个丝具有0.6～3.0m^2/g的表面积和65%～90%的孔隙率。[②]

20世纪80—90年代,英美烟草通过醋酸纤维素与其他材料的复合,进一步提高滤棒的效果。专利GB2058543B公开了一种"烟雾过滤器",包括具有热塑性纤维素醋酸酯或聚丙烯烟雾过滤材料的棒状主体,该主体被包裹在至少由5%(质量百分数)纤维素醋酸酯或聚丙烯材料纤维或长丝组成的堵套中,该纤维素醋酸酯或聚丙烯材料具有与过滤材料主要成分基本相同的化学特性,堵套与主体黏合,且堵套的空气渗透性不低于10000 Coresta单位[③];专利DE3817889A1公开了一种"烟草烟雾过滤器的制造工艺",包括将5%～95%的塑料材料、5%～95%的多糖(选自淀粉或改性淀粉、纤维素或改性纤维素、水)和高达5%的黏合剂加入挤出机挤出[④];其中塑料材料含有一种或多种聚丙烯、醋酸纤维素和聚乙烯。

进入21世纪后,英美烟草的研究方向主要在于滤棒的结构改进,以赋予香味或提高抽吸体验。专利CN200880025059.9公开了一种"过滤嘴",包含多孔滤棒、卷绕着该滤棒的材料片和乙酸纤维素线,乙酸纤维素线由基本上未卷曲的乙酸纤维素细丝形成,乙

---

① BRITISH-AMERICAN TOBACCO COMPANY LIMITED. Improvements relating to tobacco smoke filters:英国, GB1960039536 [P]. 1963-07-31.

② BRITISH-AMERICAN TOBACCO COMPANY LIMITED. Tobacco smoke filters:英国, GB1972019682 [P]. 1974-07-03.

③ BRITISH-AMERICAN TOBACCO COMPANY LIMITED. Smoke filtration:英国, GB1980025866 [P]. 1983-05-11.

④ BRITISH-AMERICAN TOBACCO COMPANY LIMITED. Verfahren zum Herstellen von Tabakrauchfiltern:德国, DE3817889 [P]. 1988-12-15.

酸纤维素线位于滤棒之中，并且沿着滤棒的中心轴延伸。[①] 专利200780045016.2公开了一种"烟草烟雾过滤嘴及其制造方法"，过滤嘴包含不可渗透的或者半渗透材料的螺旋芯，该螺旋芯被过滤材料（例如乙酸纤维素）包围，并且包裹在纸中。[②]

综上，英美烟草在不断拓展醋酸纤维应用技术的同时，逐渐进入中国市场并布局了相关专利。

5.1.1.4 云南中烟应用工艺研究

云南中烟（即云南中烟工业有限责任公司）成立于2003年10月，是全国19家卷烟工业企业中产销规模最大的省级中烟公司，集卷烟生产销售、烟草物资配套供应、科研以及多元化经营等为一体。

云南中烟针对醋酸纤维在滤棒中的应用工艺进行了系列研究和布局，从早期对醋酸纤维素进行改性从而提升滤棒的吸附效果，到后来将醋酸纤维制成发泡材料从而提升吸味，再到近年来通过采用复合结构的滤棒提升吸味，保证抽吸风味一直是云南中烟的研究重点。

早期，云南中烟通过醋酸纤维改性或在醋酸纤维中添加香精等添加剂提升吸附效果和抽吸风味。专利CN201410343621.X公开了"一种阳离子聚合物改性醋酸纤维素的制备方法及其应用"，在引发剂的作用下，将带有氨基、酰胺基、吡啶基团或吡咯烷酮基团的且含有单乙烯基不饱和单体引发接枝到醋酸纤维素上，实现醋酸纤维素的改性，再利用改性得到的醋酸纤维素制备过滤嘴棒；改性后的醋酸纤维制备的滤嘴对烟气吸附效果明显，特别是对氢氰

---

① 英美烟草（投资）有限公司. 过滤嘴：中国，CN200880025059.9 [P]. 2012-09-05.

② 英美烟草（投资）有限公司. 烟草烟雾过滤嘴及其制造方法：中国，CN200780045016.2 [P]. 2009-09-30.

酸、苯酚等具有显著的选择性吸附效果。[①] 专利CN201510315414.8公开了"一种采用高能电子束改性烟用醋酸纤维素滤棒的方法"，使用高能电子加速器或钴源产生高能电子束，在氮气或空气氛围中，透射辐照滤棒，对采用常规醋酸纤维素滤棒或含醋酸纤维素丝束的功能滤棒进行改进，并在40～60℃、真空负压条件下放置10h，去除游离乙酸等小分子或中和酸性成分后，再进行烘干，制备成棒；改性后的滤棒吸水性能显著增加，同时其外观及物理性能满足后续滤棒分切卷接工艺要求，提高了卷烟的舒适感。[②] 专利CN201410428592.7公开了"一种高截留效率的卷烟滤嘴及应用"，丝束包括具有一定体积的实心聚合物线或实心聚合物柱体，该实心线或柱体为醋酸纤维，可通过在其中加入香精香料成分，在卷烟抽吸过程中缓慢释放，增大烟气的香气量。[③]

此后，云南中烟又对纤维素材料的结构进行了研究，通过制备醋酸纤维素开孔微孔发泡材料提升抽吸风味。专利CN201610129552.1公开了"一种醋酸纤维素开孔微孔发泡材料滤嘴香料棒的制备方法"，将醋酸纤维素、聚丙烯和助剂按比例混合后加入一定量超临界二氧化碳，以超临界二氧化碳辅助挤出至模具中成型，再经发泡制得醋酸纤维素开孔微孔发泡材料，然后通过喷涂或浸渍的方法在醋酸纤维素开孔微孔发泡材料上附上香味剂，即得到醋酸纤维素开孔微孔发泡材料滤嘴香料棒。该醋酸纤维素开孔微孔发泡材料滤嘴香料棒能很好地吸附香料添加剂，抽吸时有利于香气的洗脱释放，且多孔结构本身还对烟气具有一定

① 云南中烟工业有限责任公司.一种阳离子聚合物改性醋酸纤维素的制备方法及其应用:中国,CN201410343621.X[P].2014-11-05.

② 云南中烟工业有限责任公司.一种采用高能电子束改性烟用醋酸纤维素滤棒的方法:中国,CN201510315414.8[P].2018-11-13.

③ 云南中烟工业有限责任公司.一种高截留效率的卷烟滤嘴及应用:中国,CN201410428592.7[P].2014-12-10.

的截留效果,可以改善卷烟的香气和吃味,提高卷烟制品品质。[①]

近年来,云南中烟研究和布局了复合滤棒,通过醋酸纤维段与其他纤维素材料段复合提升烟气过滤效果。专利CN202211508174.X公开了"一种复合滤棒的卷烟结构",包括滤棒段和发烟段,滤棒段包括聚乳酸纤维段和醋酸纤维段,聚乳酸纤维段和醋酸纤维段均设置有成形纸,且聚乳酸纤维段的成形纸侧面设置有活性炭层,通过聚乳酸纤维段和醋酸纤维段复合形成滤棒。见图5-7。通过在聚乳酸纤维段外侧的成形纸中添加活性炭层,有效针对所有烟丝比例的烟支进行烟气过滤,即可确保烟气香味,又可以有效掩盖杂气。[②]

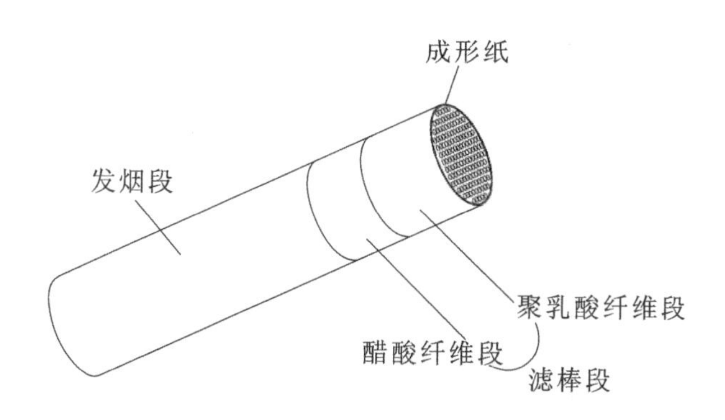

图5-7 专利CN202211508174.X**附图**

5.1.1.5 南通烟滤嘴应用工艺研究

南通烟滤嘴有限责任公司创建于1981年,是国家烟草专卖局定点的专业化滤嘴生产研发企业,也是全国最早使用醋酸纤维丝束生产出烟用滤嘴的厂家。其技术研究和专利布局主要涉及醋酸纤维丝束滤棒以及基于醋酸纤维改性过滤纸制备成形纸质滤棒两

① 云南中烟工业有限责任公司.一种醋酸纤维素开孔微孔发泡材料滤嘴香料棒的制备方法:中国,CN201610129552.1[P].2020-02-04.

② 云南中烟工业有限责任公司.一种复合滤棒的卷烟结构:中国,CN202211508174.X[P].2023-01-06.

方面。

醋酸纤维丝束滤棒方面，南通烟滤嘴有限责任公司从复合滤棒到低醋化滤棒再到滤棒结构优化，不断降低焦油和卷烟主流烟气中的有害成分，提升卷烟感官效果，提升用户的消费体验。

专利CN200520070543.7公开了一种“三元复合滤棒”，具有醋酸纤维滤芯段，醋酸纤维滤芯段与吸附剂段连接，吸附剂段与沟槽滤芯段连接，外包裹层包裹在醋酸纤维段、吸附剂段、沟槽滤芯段外面。见图5-8。该三元复合滤棒对卷烟焦油过滤效率高，对卷烟主流烟气中的有害成分选择性吸附效果好，吸附柔和。①

专利CN201110183859.7公开了一种“低醋化天然纤维滤棒的制备方法”，原料选自木浆纤维、棉浆纤维、麻浆纤维中的一种或几种，首先采用烟用二醋酸纤维素醋片生产设备制备获得低醋化纤维原料，再将低醋化纤维原料进行洗涤和干燥，得到含水率5%～20%的低醋化成品纤维。后续制备滤棒工艺具有多种：工艺一是用100%的低醋化成品纤维制作纸浆，或将不低于10%的低醋化成品纤维与木浆纤维、棉浆纤维、麻浆纤维中的一种或几种混合制作纸浆，制备得到低醋化纤维特种纸，将该特种纸制备成低醋化天然纤维一元滤棒；工艺二是用100%的低醋化成品纤维，或将不低于10%的低醋化成品纤维与木浆纤维、棉浆纤维、麻浆纤维中的一种或几种混合，喷洒三醋酸甘油酯增塑剂后卷制成低醋化天然纤维一元滤棒。该技术方案可以解决滤棒吸湿变形问题，有效降低焦油和卷烟主流烟气中的有害成分，提升卷烟感官效果。②

专利CN202220513064.1公开了“一种具有中空结构的醋纤

① 南通烟滤嘴有限责任公司．三元复合滤棒：中国，CN200520070543.7［P］．2006-06-07．

② 南通烟滤嘴有限责任公司．低醋化天然纤维滤棒的制备方法：中国，CN201110183859.7［P］．2011-11-23．

滤棒及加热卷烟”，该滤棒由内到外依次包括中空结构件、二醋酸纤维素丝束层以及外包裹材料，中空结构件的端面外轮廓形状包括圆形、方形、齿轮形、三角形，中空结构件的中空形状包括方形、圆形、三角形或五角形。见图 5-9。醋酸纤维素丝束层的单旦为 1.0～35 旦尼尔。该技术方案中具有中空结构的醋纤滤棒可以作为加热卷烟的塞头段，通过采用与之配套使用的烟具，使得烟具的发热体与烟支基本匹配，从而在加热和取出烟支的过程中，避免烟渣掉落和/或烟油渗漏的问题，可进一步提升用户的消费体验。①

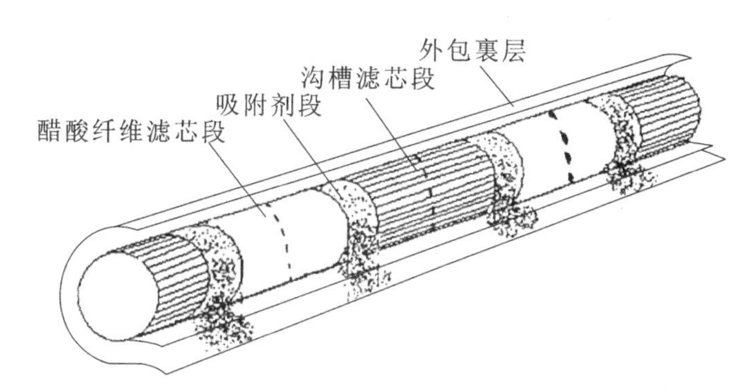

图 5-8　专利 CN200520070543.7 **附图**

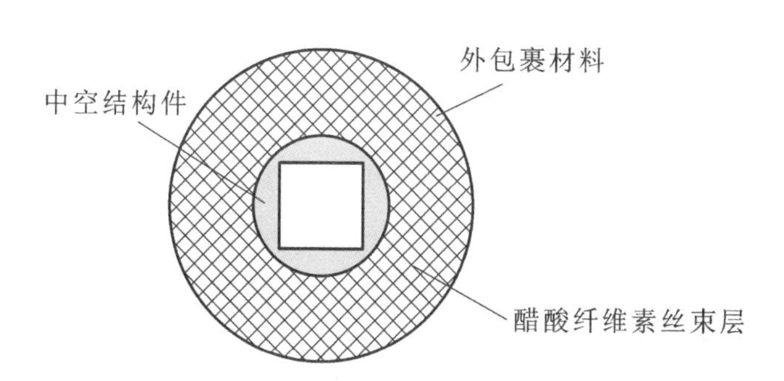

图 5-9　专利 CN202220513064.1 **附图**

南通烟滤嘴有限责任公司在基于醋酸纤维改性过滤纸制备成

① 南通烟滤嘴有限责任公司. 一种具有中空结构的醋纤滤棒及加热卷烟：中国，CN202220513064.1［P］. 2022-07-15.

形纸质滤棒方面具有一定的技术优势。

专利CN200710098075.8公开了一种“填充材料含醋酸纤维纸的卷烟用滤嘴棒的制造技术”，该烟用滤嘴棒(简称CAPF滤棒)采用醋酸纤维纸(简称CAP纸)作为填充过滤材料。CAPF滤棒是指采用CAP纸制成的各种烟用滤棒，包括CAPF滤棒和其他种类的烟用滤棒复合后的复合滤棒。CAPF滤棒除了具有纸质滤棒的全部功能和外观特征外，在滤棒的成型过程中施加三醋酸甘油酯或其他醋酸纤维素增塑剂，其滤条可以是“固化”的，也可以是“非固化”的。[①]

专利CN201010238170.5公开了一种“烟用纸芯滤棒及其制造方法”，制备工艺为先将多种成分加入纸浆中造纸，做成纸芯，再做成滤棒。见图5-10。该纸芯滤棒具有很好的降解效果以及较好的过滤效果，具有良好的阻燃性能、耐湿性能，且成本较低，能够为烟草行业用户提供一种具有产业化前景的新型纸芯滤棒。[②]

专利CN201110230518.0公开了一种“烟用CAPF滤棒的制造工艺”，在木浆中加入醋酸纤维等半合成纤维或再生纤维后造纸，先制成纸滤芯，然后制造烟用滤棒。在加入木浆之前，对纤维表面用等离子设备进行处理；或者，在造纸后，对纸张表面用等离子设备进行处理。优选低温等离子处理设备，等离子体中的粒子的能量为5～10eV，优选双面等离子体喷射打击处理。木浆中，还可添加大豆纤维等纤维，或添加增香剂等助剂。该滤棒中纤维的比表面积大、表面活性高，对焦油等有害物质具有很好的吸附性，对烟气有很好的过滤效果，为烟草行业提供了一种新型高效的纸

① 南通烟滤嘴有限责任公司. 填充材料含醋酸纤维纸的卷烟用滤嘴棒的制造技术：中国，CN200710098075.8[P]. 2007-09-12.

② 南通烟滤嘴有限责任公司. 烟用纸芯滤棒及其制造方法：中国，CN201010238170.5[P]. 2013-07-31.

芯滤棒生产方法。[①]

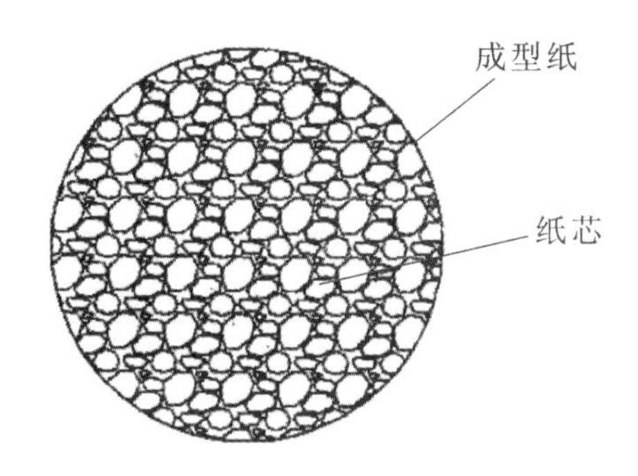

图 5-10　专利 CN201010238170.5 **附图**

5.1.2　碳纤维应用工艺

碳纤维也是应用较为普遍的过滤材料之一，竹炭纤维以及活性炭纤维作为常见的碳纤维材料之一，在滤棒中应用广泛。

竹炭纤维由于内部孔隙多、表面有凹槽，分子中含有大量活性基团，可以吸附、截留香烟主流气体中有害成分，特别是醛类物质及总粒相物，竹炭纤维对香烟主流烟气中醛类物质吸附率相较于醋酯纤维提高了 51.82%。[②] 活性炭纤维滤嘴通过吸附作用可有效降低烟雾中的尼古丁、焦油等有害物质，同时既能除去香烟中的杂异味又能保持传统烤烟型卷烟香味。胡兆基等将活性炭纤维用于香烟滤嘴，能将香烟中尼古丁的吸滤率从 25%～45%提高到 73%～86%[③]；李建文等采用活性炭纤维制作的烟嘴对尼古丁、焦油、总颗粒物的去除率达到 67%～83%。[④]

---

① 南通烟滤嘴有限责任公司. 烟用 CAPF 滤棒的制造工艺：中国，CN201110230518.0 [P]. 2012-01-04.

② 胡凤霞，杜兆芳，韩晓建，等. 竹炭纤维滤嘴对香烟主流烟气中醛类物质的过滤效果[J]. 纺织学报. 2012 (12)，10-14.

③ 胡兆基，潘循哲. 香烟过滤嘴对烟草中尼古丁吸滤作用的研究[J]. 上海环境科学. 1995(14)，24-26.

④ 李建文，李常林. 活性炭纤维在净化烟嘴中的应用[J]. 新型炭材料. 1996(3)，38.

5.1.2.1 创新主体分析

通过分析专利数据，对国内外相关厂商进行了深入的研究。图 5-11 展示了滤棒用碳纤维领域全球专利申请量排名前十的申请人。菲莫国际、英美烟草在该技术领域具有一定的技术优势，专利申请量均在 200 件以上，且菲莫国际作为本技术领域的主要申请人，专利申请量超过了 300 件；里滋麻烟草以 190 余件专利申请量位列第三位；其他申请人的专利申请量均未超过 100 件。

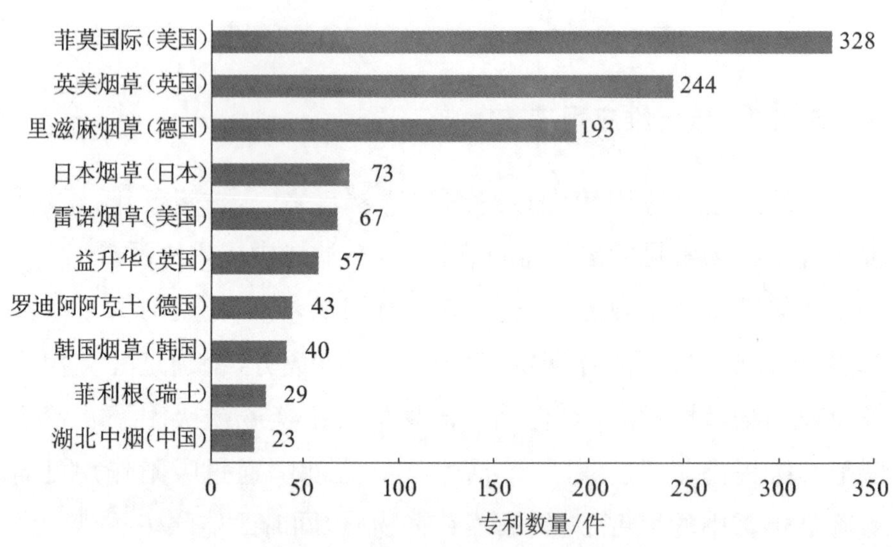

图 5-11 碳纤维滤棒领域全球前十专利申请人排名

全球专利申请量前十的创新主体以国外企业为主，国内本土企业仅湖北中烟一家，国内企业在专利技术方面相比菲莫国际、英美烟草、里滋麻烟草等国外企业尚有一定差距。单独针对国内申请人进行排名分析，仅湖北中烟一家的专利申请量在 20 件以上，红塔烟草、上海烟草集团、南通烟滤嘴、湖南中烟的专利数量在 10 件以上，其余企业仅有少数几件专利申请。见图 5-12。

5.1.2.2 菲莫国际应用工艺研究

菲莫国际在滤棒制造中不断探索碳纤维的应用，从早期采用碳颗粒与醋酸纤维结合制造复合滤棒，到中期积极运用活性炭材

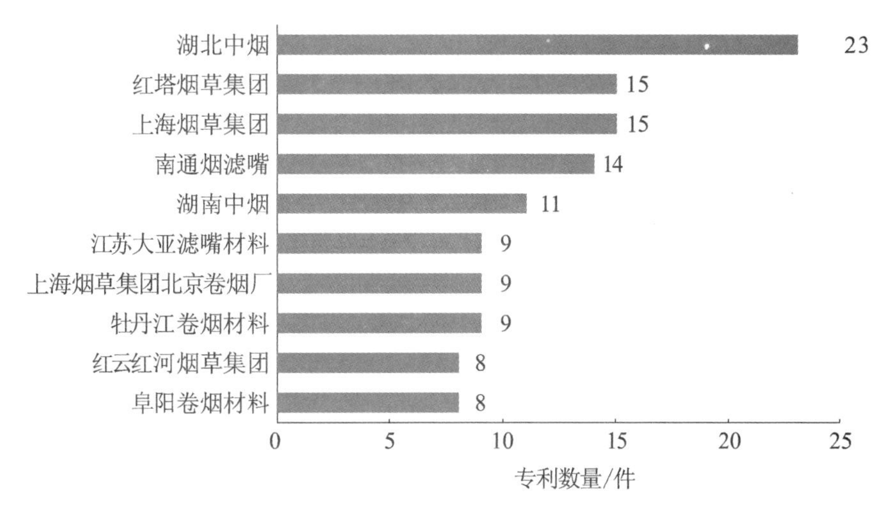

图 5-12　碳纤维滤棒领域中国前十专利申请人排名

料制作滤棒，再到后期针对活性炭材料的进一步拓展应用，如利用其吸附特性提升抽吸品质，以及为避免后续资源短缺对滤棒产量的影响，努力开发多元化的活性炭来源。

20 世纪 90 年代，专利 DE69411288 公开了一种"具有醋酸纤维素丝束外围和载有碳颗粒的网状滤芯的同心吸烟过滤器"，其中外围过滤介质采用的是醋酸纤维素纤维束，核心过滤介质采用的是装载有碳颗粒的网状材料，通过滤棒的结构设计，保证抽吸风味。[①] 见图 5-13。

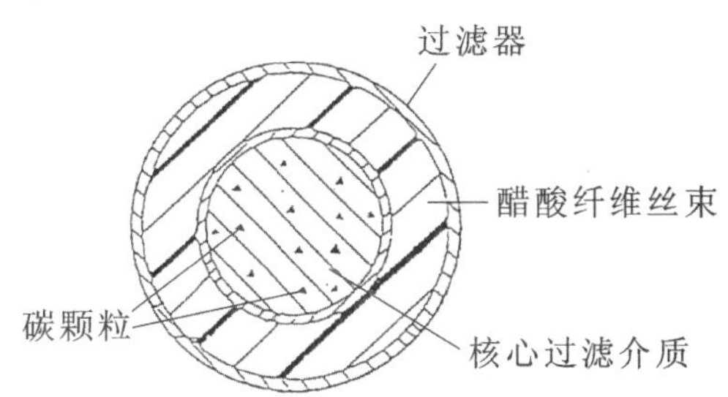

图 5-13　专利 DE69411288 附图

① PHILIP MORRIS PRODUCTS INC. Konzentrischer Rauchfilter mit einem Aussenmantel aus einem Zelluloseazetatstrang und mit einem Kern aus einer Aktivkohle enthaltenden Filterbahn：德国，DE69411288[P]. 1999-02-25.

21世纪初期，菲莫国际开发了活性炭纤维滤棒。专利CN03811336.8公开了一种"活性炭纤维卷烟过滤嘴"，其包括活性炭纤维过滤部分，该部分包括一束基本上平行的具有共同方向的活性炭纤维；以及分散在活性炭纤维中的颗粒吸收材料。见图5-14。通过滤棒结构设计，采用活性炭纤维作为过滤材料，可以有效地和高效地除去香烟主烟雾流中的气相成分。并且在专利拓展技术方案中，通过与纤维素乙酸酯过滤部分的结合，提供了一种活性炭纤维与醋酸纤维素复合的技术方案，进一步提升了烟气过滤效果。①

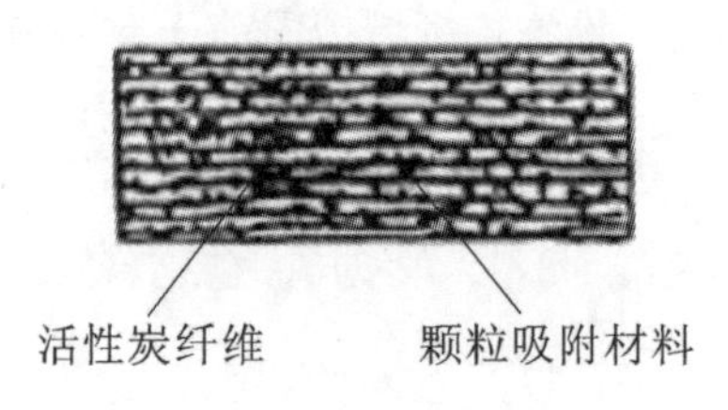

图5-14　专利CN03811336.8 **附图**

专利PH12007501551公开了一种"添加纤维素香料的香烟和过滤嘴"，在过滤嘴中设置有吸附剂，吸附剂包含位于过滤器空腔中的珠粒形式的活性炭和/或结合在过滤材料塞中的活性炭颗粒，该活性炭颗粒带有香味。通过活性炭的设置，当主流烟雾通过过滤器的上游部分被吸入时，气相烟雾成分被去除，香味从吸附剂中释放出来，从而提高抽吸体验。② 见图5-15。

专利CN201380027751.6公开了一种"具有同心过滤嘴的发烟制品"，采用包含活性炭的吸附材料，吸附材料布置在中心芯部，

① 菲利普莫里斯生产公司．活性炭纤维卷烟过滤嘴：中国，CN03811336.8[P]．2008-06-11

② PHILIP MORRIS PRODUCTS S. A. Cigarette and filter with cellulosic flavor addition：菲律宾，PH12007501551[P]．2012-10-09

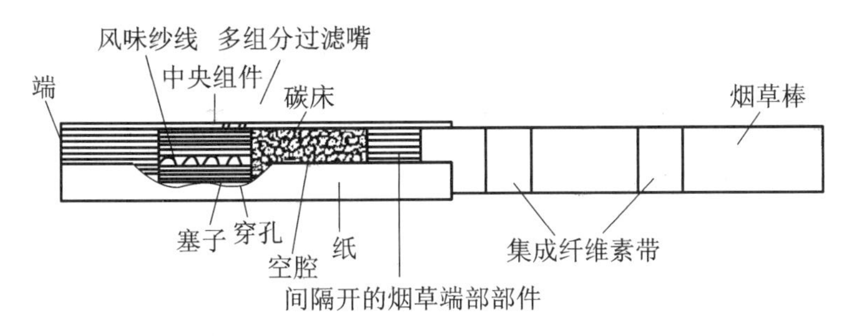

图 5-15 专利 PH12007501551 **附图**

以降低吸附材料对抽吸风味的影响。[①] 见图 5-16。

专利 CN201480066544.6 公开了一种"用于吸烟制品的活性炭",通过对活性炭颗粒的制备方法进行优化,采用由物理活化工艺形成的颗粒活性炭材料替代原用的椰子壳活性炭源,一方面降低生产过程中粉尘,另一方面避免了椰子壳的供应减少而影响滤棒的产量。[②]

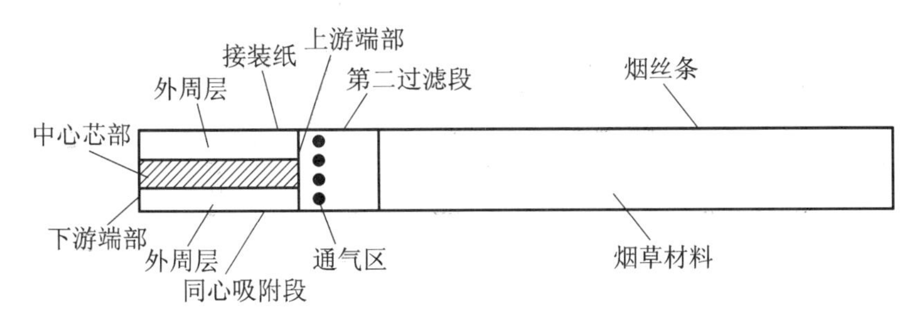

图 5-16 专利 CN201380027751.6 **附图**

5.1.2.3 英美烟草应用工艺研究

英美烟草早期主要单独采用活性炭作为过滤材料制备滤棒,中后期则主要采用活性炭与醋酸纤维的复合滤棒。

---

① 菲利普莫里斯生产公司.具有同心过滤嘴的发烟制品:中国,CN201380027751.6[P].2018-11-23.

② 菲利普莫里斯生产公司.用于吸烟制品的活性炭:中国,CN201480066544.6[P].2019-12-17.

20 世纪 90 年代，英美烟草在专利 CN93109534.4 中公开了一种“带有过滤元件的香烟制品”，包括具有减少烟雾气态成分装置区域的烟雾过滤元件以及分离的作为烟雾流动通道的区域，还设置有通风装置。见图 5-17。其中，通风装置位于或朝向过滤元件的上游，以在使用时引导烟雾离开上述带有减少烟雾气态成分装置的区域，并且同时使烟雾的气态成分能够扩散到该区域，且该可减少烟雾气态成分的装置实质为由活性炭构成的吸收材料，它采用活性炭作为过滤材料对烟气进行过滤。相较于传统的碳颗粒的形式，一方面能够有效提高滤棒的生产效率，另一方面能够使活性炭部分不与烟气的颗粒相接触，具有比普通的滤嘴更高的去除气态成分的过滤效率。①

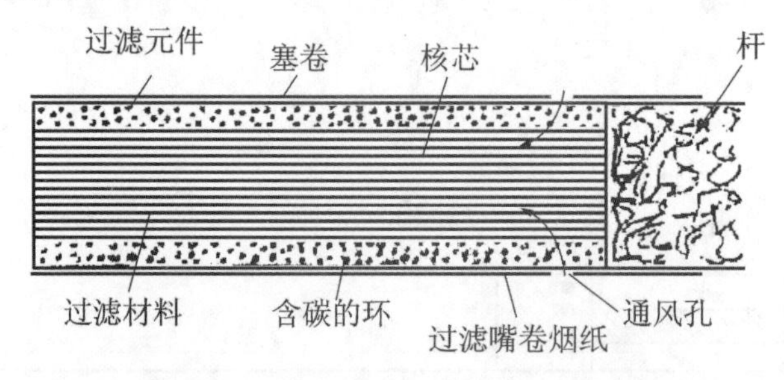

图 5-17　专利 CN93109534.4 **附图**

21 世纪初期，英美烟草开发了活性炭与醋酸纤维的复合滤棒。

专利 CN02825305.1 公开了一种“烟制品及其用途”，包括由均质过滤材料构成的圆柱形滤嘴、包装纸、沿着滤嘴纵向延伸并被压印至包封纸的圆周上间隔排列的凹槽，以及将滤嘴连接到烟条上的水松纸。见图 5-18。其中，所有凹槽在烟条的侧面开口，并且只在滤嘴的部分长度上连续延伸，没有延伸至滤嘴的入口端，而所有凹槽被透气水松纸覆盖，使得空气经由透气水松纸进入凹槽；滤

① 英美烟草公司. 带有过滤元件的香烟制品：中国，CN93109534.4[P]. 2000-07-12.

嘴包括由乙酸纤维素构成的过滤嘴丝束以及活性炭，针对滤棒和凹槽的结构设计，能够降低流速对CO吸附的影响，从而有效降低CO的量；通过采用活性炭以及醋酸纤维制成的复合滤嘴，能够有效减少烟气中的其他气相成分。[①]

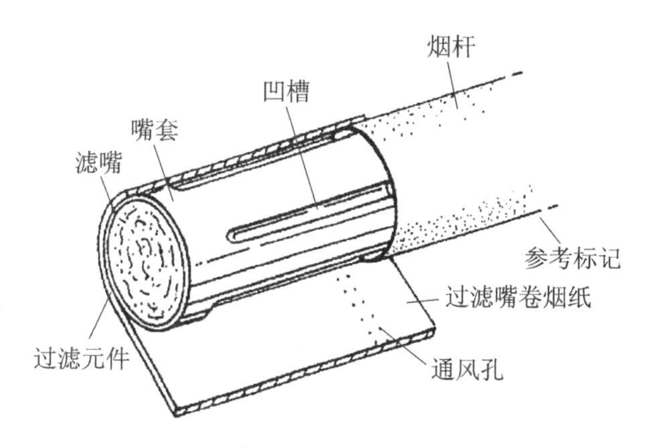

图 5-18　专利 CN02825305.1 **附图**

专利CN201080023041.2公开了一种“用于吸烟物品的棒以及用于制造该棒的方法和装置”，该过滤棒包括过滤塞，过滤塞具有延伸穿过过滤塞的多束丝线，且过滤棒包括多个大体上为柱状的过滤塞部分，第一过滤塞部分是具有多束丝线的过滤塞，而第二过滤塞部分与第一过滤塞部分大体上同轴对准，其中第二过滤塞部分包括充满活性炭的醋酸纤维素。通过滤棒结构设计，能够有效保证香烟的抽吸味道。[②]

专利CN201380023233.7公开了一种“吸烟制品过滤嘴的改进”，具体涉及一种采用活性炭作为吸附材料的过滤嘴，其中针对吸附材料的量通过如下方式确定：对于周长为23～25mm的过滤嘴来说，每毫米长度的以mg为单位的吸附材料的量 C_w 和每毫米

① 英美烟草(投资)有限公司.烟制品及其用途：中国，CN02825305.1[P].2008-04-09.

② 英美烟草(投资)有限公司.用于吸烟物品的棒以及用于制造该棒的方法和装置：中国，CN201080023041.2[P].2015-09-09.

长度的以 mg 为单位的吸收材料的量 T_w 满足：$10 \leqslant (C_w + T_w) \leqslant 20$。通过优化吸附材料量的确定方式，能够使过滤嘴呈现合适水平的过滤嘴压降和硬度。[①]

5.1.2.4 里滋麻烟草应用工艺研究

里滋麻烟草总部坐落在德国汉堡，2002 年被帝国烟草收购。在被帝国烟草收购之前，里滋麻烟草 2001 年卷烟总销量 1200 亿支，德国、俄罗斯、波兰和中国台湾的事务占其总收入的 69%。其中，威狮、大卫杜夫以及 R1 是里滋麻烟草最首要的卷烟品牌，威狮牌销量最大，占其总销量的 20%。2001 年，威狮牌销量 248 亿支，R1 牌卷烟销量 57 亿支，大卫杜夫牌销量 114 亿支，行销全球 100 多个国家和地区。

里滋麻烟草针对碳纤维在滤棒中的应用，始终以保证抽吸体验为主要目的。从早期的利用活性炭对滤纸进行改性，到中期将活性炭作为选择性吸附材料添加到烟草滤棒中，再到近期的采用复合滤棒的形式，进行了系列研究和布局。

20 世纪 90 年代，里滋麻烟草通过利用活性炭对过滤纸进行改性，提高了过滤纸的性能。

专利 CN97193745.1 公开了“一种用于制造香烟过滤嘴的过滤材料及其制备方法”，将熔融增塑的乙酸纤维素以喷熔法涂敷于预制的滤纸带上，该滤纸带含有活性炭。一方面首次提出了利用纤维素对滤纸进行改性，能够使滤纸兼具纤维素的优良滞留特性和乙酸纤维素的选择滞留特性；另一方面通过在滤纸上设置活性炭，提高抽吸风味[②]。

① 英美烟草(投资)有限公司. 吸烟制品过滤嘴的改进：中国，CN201380023233.7[P]. 2015-01-07.

② 里滋麻烟草厂股份有限公司. 一种用于制造香烟过滤嘴的过滤材料及其制备方法：中国，CN97193745.1[P]. 2004-03-24.

专利 CN97182504.1 公开了一种“减少气相的香烟”，该香烟带有双滤嘴，其中近嘴端的部分设置有向周边流动的滤嘴透气区，由醋酸纤维素酯组成；烟草端过滤部分的薄纸是一种体积蓬松的纸，该纸含 20%～50%（质量分数）的磨细活性炭粉。通过活性炭对过滤纸改性，使得空隙率比用常规过滤嘴提高 30%～60%，透风率比用常规滤嘴低 10%～60%。①

21 世纪初期，里滋麻烟草将活性炭作为选择性吸附材料添加到烟草滤棒中，提升烟气过滤效果。

专利 CN00808127.1 公开了“一种透气过滤嘴香烟”，由两个过滤嘴部分组成，在烟卷段侧过滤嘴部分区域内布置透气孔，且烟卷段侧过滤嘴部分是单体过滤嘴部分，嘴侧过滤嘴部分是带有芯和套管的同轴过滤嘴部分，且芯的压力降小于套管的压力降，其中烟卷段侧过滤嘴部分的过滤材料采用活性炭作为选择性吸附剂。见图 5-19。本方案通过结构设计，可以控制供给到吸烟者的小液滴尺寸分布和烟的流速，并且通过活性炭的使用进一步保证烟气的过滤效果。②

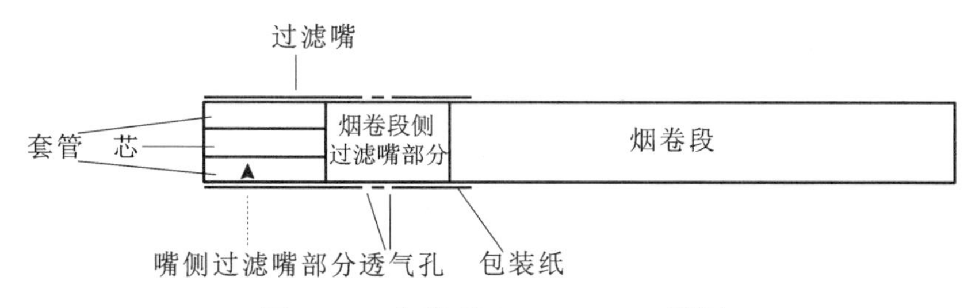

图 5-19　专利 CN00808127.1 附图

近十年，里滋麻烟草将活性炭与醋酸纤维素复合制备复合

① 里滋麻烟草厂股份有限公司. 减少气相的香烟：中国，CN97182504.1[P]. 2003-12-10.

② 里滋麻烟草厂股份有限公司. 一种透气过滤嘴香烟：中国，CN00808127.1[P]. 2004-01-28.

滤棒。

专利 JP2019517919 公开了一种“用于吸烟物品的过滤器元件”，由乙酸纤维素过滤材料形成，该过滤元件包括缺少过滤材料的空腔，该空腔的截面面积为 10～30mm²，且该空腔完全贯通过滤器元件而延伸，并形成沿着过滤器元件长度方向的通道，通道中有吸附剂，该吸附剂为活性炭。通过滤棒结构设计，在保证过滤效果的同时，保证抽吸体验。①

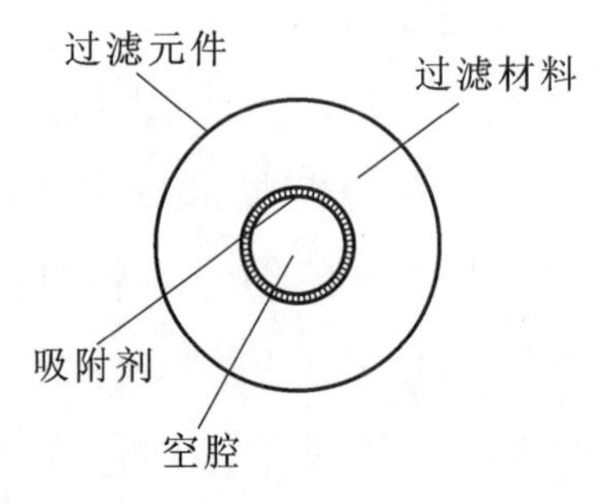

图 5-20　专利 JP2019517919 **附图**

5.1.2.5　湖北中烟应用工艺研究

湖北中烟（即湖北中烟工业有限责任公司）前身为 1916 年创立的南洋兄弟烟草公司汉口分公司，至今已走过百年历程。公司现下辖武汉卷烟厂、襄阳卷烟厂、恩施卷烟厂、三峡卷烟厂、红安卷烟厂、广水卷烟厂等 6 家卷烟生产厂，以及卷烟材料厂、新业薄片公司和红金龙（集团）有限公司等多家子公司。

湖北中烟对于碳纤维的应用主要是将其作为增香材质的载体，实现抽吸风味的提升。

专利 CN201610246284.1 公开了“一种可降低烟气温度和提高吸味的新型卷烟”，包括烟草段、滤嘴段以及设置在烟草段、滤嘴段之间的烟气回流段，烟气回流段靠近烟草段处设有与烟草段连

① レームツマ・シガレッテンファブリケン・ゲーエムベーハー. 喫煙品用のフィルタ要素：日本，JP2019517919[P]. 2021-06-18.

通的进气孔，烟气回流段靠近滤嘴段设有与滤嘴段连通的出气孔，烟气回流段内部由多个气流隔板上下交错排列，形成来回弯折的烟气回流气路，烟气回流气路的一端与进气孔连通，另一端与出气孔连通。烟气由进气孔进入后通过烟气回流气路，在烟气回流段中增加烟气的流通距离，热气流与气流隔板及烟气回流段内壁进行热交换，降低了烟气的温度。在烟草段与烟气回流段之间设置有由碳纤维材料作为吸附载体的增香段，在降低卷烟烟气温度的同时，添加的增香段的吸味与烟气协调，提高了烟气的舒适性。[①]见图 5-21。

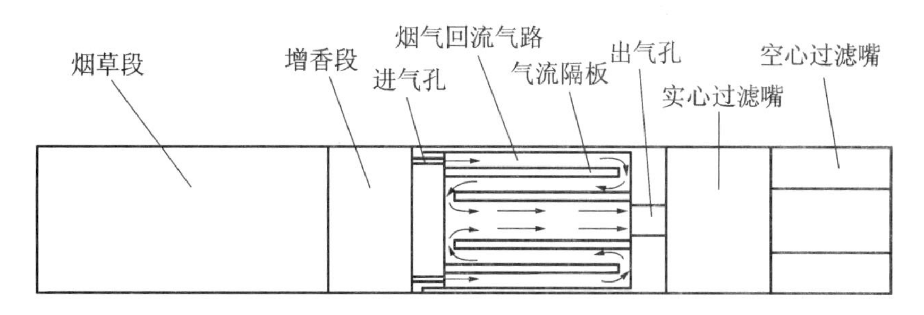

图 5-21　专利 CN201610246284.1 **附图**

专利 CN201822136488.7 公开了一种“降低烟气温度和提升烟香的卷烟嘴棒及含有该嘴棒的卷烟”，该嘴棒包括普通滤嘴段和降温提香段，降温提香段是由普通醋酸纤维丝束和贯穿其中的一根或多根降温提香管组成。降温提香管为附载有香精香料的管状物体，每根降温提香管的内径为 1.5～2.0mm，外径为 1.8～2.2mm，其中，降温提香管是采用 PE、PVC、PP、碳纤维、尼龙纤维或纤维素衍生物材料制备而成的管状物体。降温提香管的内壁或外壁或内外壁附载有香精香料。嘴棒可以改变烟气中气流的流通路径，延长烟气在滤嘴部分的流通距离，提高烟气与空气的热交换

① 湖北中烟工业有限责任公司. 一种可降低烟气温度和提高吸味的新型卷烟：中国，CN201610246284.1[P]. 2016-07-20.

效率，有效降低烟气气流的温度。通过降温提香段的设置，在内外壁负载香精香料，充分利用烟草段的气流热量，降低烟气温度的同时提升烟香。[①] 见图 5-22。

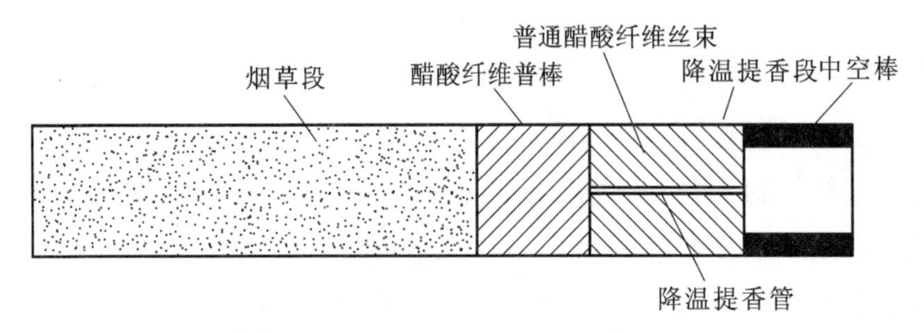

图 5-22 专利 CN201822136488.7 **附图**

5.1.2.6 南通烟滤嘴应用工艺研究

南通烟滤嘴对碳纤维材料的应用从早期利用碳纤维对纸芯进行改性，到基于活性炭纤维的复合滤棒，再到采用碳纤维作为导热纤维，始终围绕碳纤维优异的吸附性能开展研究。

专利 CN201010238170.5 公开了一种“烟用纸芯滤棒及其制造方法”，滤棒的纸芯中含有活性炭纤维，通过活性炭纤维的设置，在保证滤棒的降解性能、阻燃性能、耐湿性能和吸附性能的同时，进一步增强对烟气的吸附过滤效果。[②]

专利 CN201220373571.6 公开了一种“碳纤维同轴芯滤棒”，采用活性炭纤维作为内层滤芯材质，并与其他材质的外层滤芯相互配合，吸附性更好且更加健康。[③] 见图 5-23。

专利 CN201410042909.3 公开了一种“烟用皱纸丝复合滤棒

① 湖北中烟工业有限责任公司. 降低烟气温度和提升烟香的卷烟嘴棒及含有该嘴棒的卷烟：中国，CN201822136488.7[P]. 2019-09-10.

② 南通烟滤嘴有限责任公司. 烟用纸芯滤棒及其制造方法：中国，CN201010238170.5[P]. 2013-07-31.

③ 南通烟滤嘴有限责任公司. 碳纤维同轴芯滤棒：中国，CN201220373571.6[P]. 2013-02-13.

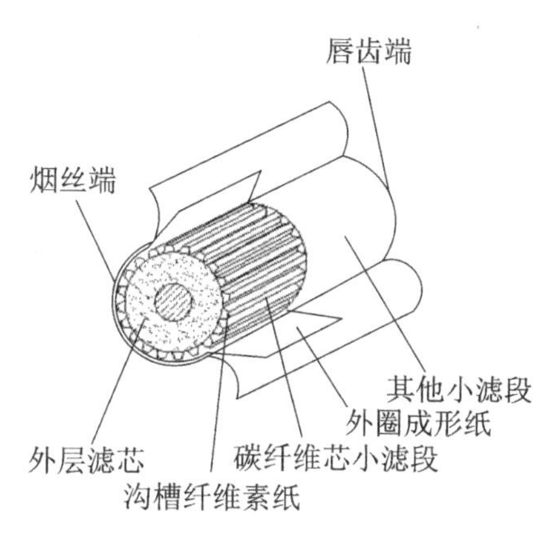

图 5-23 专利 CN201220373571.6 **附图**

及其滤嘴”，采用皱纸丝滤芯与醋酸纤维滤芯的端面拼接在一起，包裹在同一张外圈成形纸内复合而成；皱纸丝滤芯是以烟用纸为原料，烟用纸在造纸过程中，以木浆纤维为主要原料，掺杂少量的碳纤维或者烟丝，掺杂比例为 15%～30%，还喷洒有增加吸味或增强过滤性能的添加剂。通过掺杂碳纤维，使得力学性能、吸附过滤性能、风味等更适合，使得抽吸口感更佳。[①] 见图 5-24。

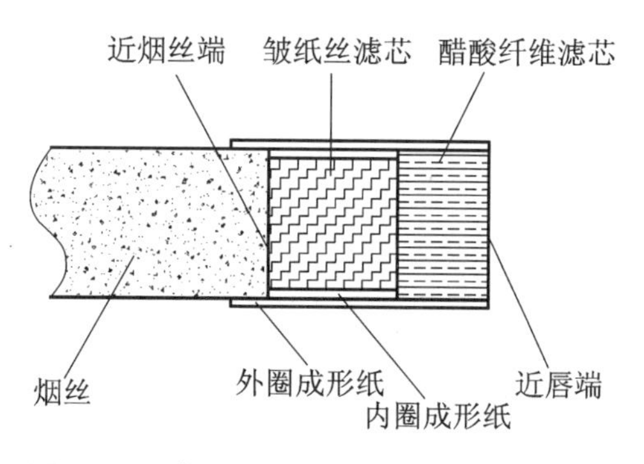

图 5-24 专利 CN201410042909.3 **附图**

专利 CN201610526841.5 公开了一种“含可自溶胶囊的滤棒及其滤嘴”，采用碳纤维作为导热纤维，沿滤芯滤棒长度方向设置，

① 南通烟滤嘴有限责任公司. 烟用皱纸丝复合滤棒及其滤嘴：中国，CN201410042909.3[P]. 2015-09-23

能够使得其中的胶囊受热更快，快速释放香气，且香气释放过程比较长久，能够吸附烟气中的有害成分。[①] 见图 5-25。

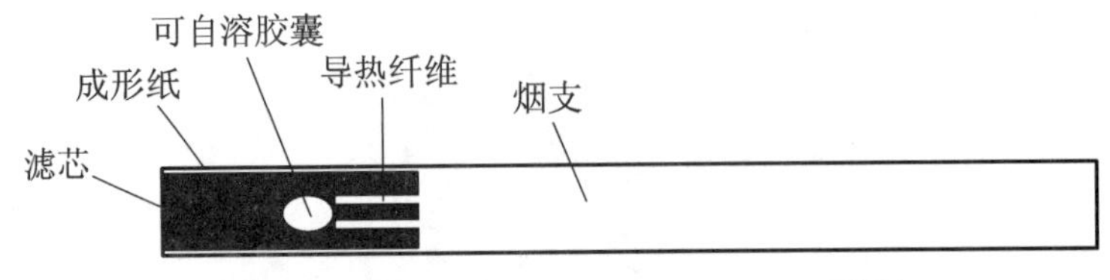

图 5-25 专利 CN201610526841.5 **附图**

5.1.3 聚乳酸纤维应用工艺

聚乳酸纤维的物理、化学性能与醋酸纤维十分相似[②]，同时聚乳酸纤维具有成本低、降解率高、化学稳定性高等诸多优点，可以实现与醋酸纤维丝束应用于卷烟时相近的抽吸体验，是醋酸纤维滤棒的潜在替代材料。[③]

国内外针对聚乳酸纤维滤棒开展了众多研究。Yahia Lemmouchi[④] 研究了 PLA 滤嘴和 CA 滤嘴对焦油、烟碱、水分的过滤效率的差异，同时也考察了不同增塑剂种类（三醋酸甘油酯和柠檬酸三乙酯）、不同用量的 PLA 滤嘴对烟气中醛类化合物过滤效率的影响。王秦峰等人[⑤]考察了改性 PLA 滤嘴与未改性 PLA 滤嘴和 CA 滤嘴在烟气常规成分、烟气 7 种成分（一氧化碳、氰化氢、NNK、氨、苯并芘、巴豆醛、苯酚）和感官质量方面的差异，结果表

① 南通烟滤嘴有限责任公司. 含可自溶胶囊的滤棒及其滤嘴：中国，CN201610526841.5[P]. 2016-08-24.

② 赵群. 聚乳酸纤维在改性香烟滤嘴中的性能研究[J]. 科技视界，2012(1)：62-63.

③ 李全明，邱发贵，张梅，等. 聚乳酸纤维的开发和应用[J]. 现代纺织技术，2008，16 (1)：52-55.

④ Yahia Lemmouchi. Filter material comprising polylactide fibers. PCT/GB2012/051451 [P]. 2012-12-27.

⑤ 马鞍山同杰良生物材料有限公司. 一种卷烟过滤嘴棒用改性聚乳酸组合物及其制备方法：中国，CN201110393839.2 [P]. 2012-06-27.

明改性 PLA 滤嘴中 HCN 和苯酚释放量有所降低，感官质量有所改善。杨立新[①]和梁桐[②]等人对比了 PLA 滤嘴卷烟和 CA 滤嘴卷烟烟气常规化学成分的差异。杨松等人研究了 PLA 滤嘴对卷烟烟气中其他有害成分释放量和感官质量的影响，结果表明 PLA 滤嘴可以对烟气有害成分进行有效过滤，且接装卷烟感官质量较好，在卷烟滤嘴方面有一定的应用前景。[③]

5.1.3.1 创新主体分析

通过分析专利数据，对国内外相关厂商进行了深入的研究。图 5-26 展示了聚乳酸纤维滤棒领域全球专利申请量排名前十的申请人。菲莫国际在该技术领域具有一定的技术优势，专利申请

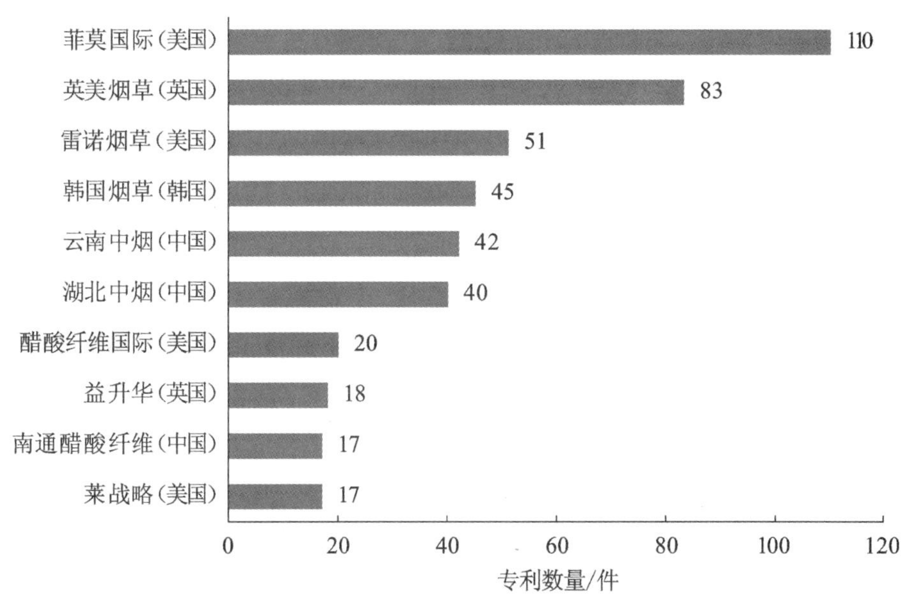

图 5-26 聚乳酸纤维滤棒领域全球前十专利申请人排名

---

① 杨立新，赵淑珍，陈学思，等. 聚乳酸熔体纺丝、粘结和吸附性能的初步研究[J]. 高分子学报，007(10)：959-966.

② 梁桐，彭建新，冯文宁，等. 烟用丝束新材料——聚乳酸纤维的应用[J]. 中国西部科技，2010，9(32)：18-19.

③ 杨松，王涛，赵献忠，等. 聚乳酸滤嘴对卷烟烟气化学成分释放量和感官质量影响[J]. 中国烟草学报，2015，21(06)，14-18.

量超过百件;其次是英美烟草,申请专利 83 件;雷诺烟草、韩国烟草属于第三梯队,专利申请量在 50 件左右。中国企业占据排名榜三席,分别为云南中烟、湖北中烟、南通醋酸纤维,相比其他纤维素材料,国内企业在本领域表现更加亮眼。

5.1.3.2　菲莫国际应用工艺研究

菲莫国际对于聚乳酸纤维在滤棒中的应用起源于 21 世纪初期,早期主要将聚乳酸作为冷却材料,以降低烟气的温度,进而提升抽吸的口感;随后,聚乳酸被用作滤嘴的过滤段,提供一种可降解的滤棒制品,实现了环保与口感的双重提升;近年来,聚乳酸又被用作多孔材料,进一步保证了抽吸风味的纯正和持久。

专利 CN201280072200.7 公开了一种"具有气溶胶冷却元件的气溶胶生成物品",包括按照条棒形式组装的多个元件,多个元件包括气溶胶形成基材以及在条棒内位于气溶胶形成基材下游的气溶胶冷却元件,其中气溶胶冷却元件包括多个纵向延伸的通道,且其沿纵向方向具有 50%～90%的孔隙度,该气溶胶冷却元件为聚乳酸组成的片材。[①] 见图 5-27。

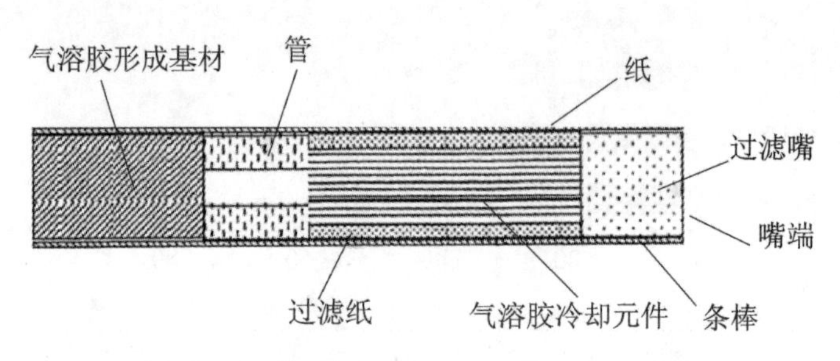

图 5-27　专利 CN201280072200.7 **附图**

专利 CN201280072118.4 公开了一种"具有可生物降解的香味产生部件的气雾产生制品",包括以杆的形式组装的多个元件,

① 菲利普莫里斯生产公司. 具有气溶胶冷却元件的气溶胶生成物品:中国,CN201280072200.7[P]. 2018-01-19.

多个元件包括烟嘴过滤嘴、气雾形成基体，以及位于烟嘴过滤嘴上游、气雾形成基体下游的低阻力支撑元件，该低阻力支撑元件包括多个由薄片材料限定的通道，该薄片材料为聚乳酸。通过薄片材料的设置，一方面可以起到热交换器的作用以冷却制品内产生的气雾；另一方面，其具有至少一个纵向延伸的通道用于将挥发性香味产生部件定位在杆内，进一步提升抽吸风味。[①] 见图 5-28。

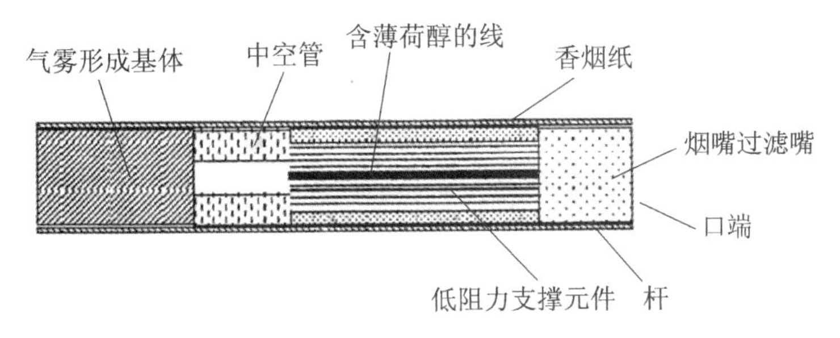

图 5-28 专利 CN201280072118.4 **附图**

专利 CN201480066778.0 公开了一种“包括可降解过滤嘴部件的吸烟制品过滤嘴”，该过滤嘴包括由醋酸纤维素和可降解聚合物的丙酮溶液形成的过滤嘴部件，可降解聚合物在丙酮中可溶且在水的存在下可降解，其中可降解聚合物是聚乳酸共乙醇酸，其中，采用聚乳酸与醋酸纤维素的混合支撑复合滤棒作为过滤材料。[②] 见图 5-29。

专利 CN201880017070.4 公开了一种“被配置成收纳插入单元的吸烟制品衔嘴”，包括聚乳酸纤维制成的纤维过滤材料，也可直接采用聚乳酸纤维作为过滤材料。[③] 见图 5-30。

---

① 菲利普莫里斯生产公司. 具有可生物降解的香味产生部件的气雾产生制品：中国，CN201280072118.4[P]. 2016-06-15.

② 菲利普莫里斯生产公司. 包括可降解过滤嘴部件的吸烟制品过滤嘴：中国，CN201480066778.0[P]. 2019-11-05.

③ 菲利普莫里斯生产公司. 被配置成收纳插入单元的吸烟制品衔嘴：中国，CN201880017070.4[P]. 2022-04-08.

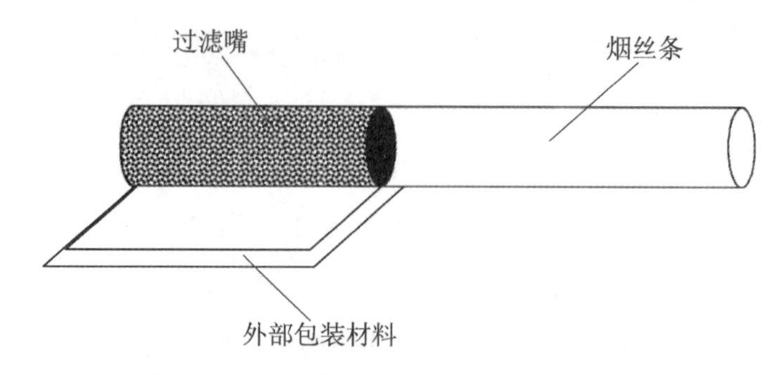

图 5-29　专利 CN201480066778.0 **附图**

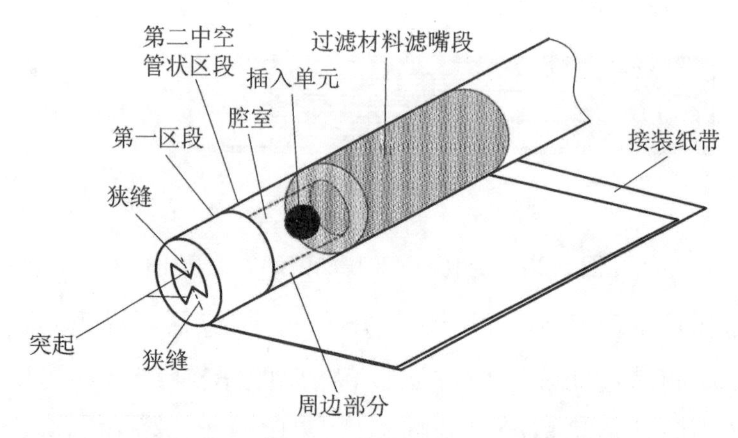

图 5-30　专利 CN201880017070.4 **附图**

菲莫国际将聚乳酸制成多孔材料，进一步保证了抽吸风味。专利 CN201880017070.4 公开了一种“具有有孔的多孔支撑元件的吸入器”，包括采用聚乳酸纤维制成的多孔支撑元件，通过多孔支撑元件的设置，能够改进吸入过程中干燥颗粒向烟嘴的输送或者加快吸入器内干燥颗粒的排空。[①] 见图 5-31。

5.1.3.3　英美烟草应用工艺研究

英美烟草将聚乳酸纤维应用于滤棒起源于 21 世纪初期，英美烟草将聚乳酸纤维制成滤棒从而提高抽吸体验，并且通过添加改性剂或者进行结构改进，保证卷烟风味的同时实现降本和可降解。

① 菲利普莫里斯生产公司. 具有有孔的多孔支撑元件的吸入器：中国，CN201880017070.4[P]. 2020-10-20.

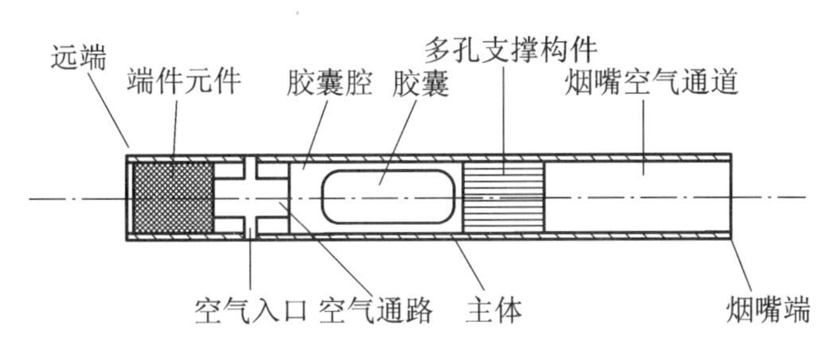

图 5-31 专利 CN201880017070.4 **附图**

专利 CN201080064416.X 公开了一种“含添加剂的片材滤料”，包含非织造片材或纸材的滤料，该滤料为聚乳酸纤维。通过添加聚乙二醇，提高选择性去除半挥发性化合物的能力。①

专利 CN201380023220.X 公开了“吸烟制品过滤嘴的改进”，该滤嘴包括两段不同的纤维材料，其中一段纤维材料选用聚乳酸纤维。通过采用聚乳酸纤维与其他纤维材料复合，从而改善过滤嘴的压降和硬度。② 见图 5-32。

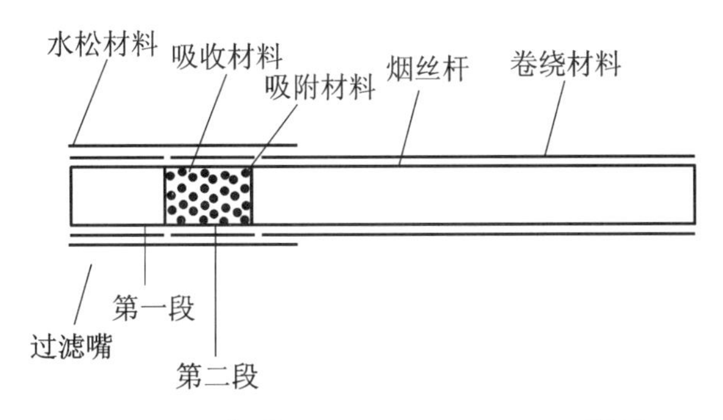

图 5-32 专利 CN201380023220.X **附图**

专利 CN201380040796.7 公开了一种“用于吸烟制品的过滤器”，该过滤器包括同轴且嵌套设置的两种过滤材料，其中，将聚乳

---

① 英美烟草(投资)有限公司. 含添加剂的片材滤料:中国,CN201080064416.X[P]. 2012-12-05.

② 英美烟草(投资)有限公司. 吸烟制品过滤嘴的改进:中国,CN201380023220.X[P]. 2015-01-07.

酸纤维作为第一过滤材料设置在内侧，从而使吸烟制品过滤器能够受益于两种材料的性质，且能够同时保证风味以及外观特性。[①]见图 5-33。

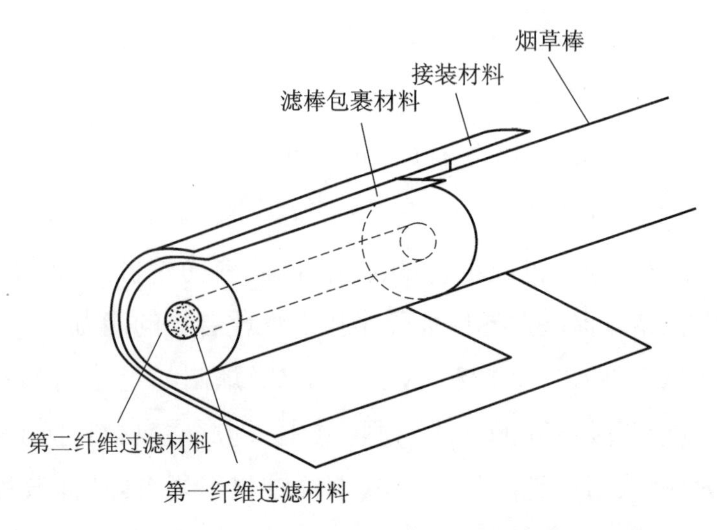

图 5-33 专利 CN201380040796.7 **附图**

专利 CN201580005306.9 公开了一种“过滤材料和由其制成的过滤器”，该过滤材料包括基础材料和细纤维，其中基础材料的纤维材质的直径大于细纤维的直径，且过滤材料包含 10%以上的细纤维，从而达到降低成本以及促进降解的目的。[②]

5.1.3.4 云南中烟应用工艺研究

云南中烟对于聚乳酸纤维在滤棒中的应用研究起源于 21 世纪初期，从将聚乳酸纤维作为风味添加剂的附着物，到采用聚乳酸纤维作为过滤材料制备复合滤棒，再到直接采用聚乳酸纤维作为过滤材料，云南中烟进行了系列研究。

早期，云南中烟对于聚乳酸纤维在滤棒中的应用研究主要是

---

① 英美烟草(投资)有限公司. 用于吸烟制品的过滤器：中国，CN201380040796.7[P]. 2015-04-08.

② 英美烟草(投资)有限公司. 过滤材料和由其制成的过滤器：中国，CN201580005306.9[P]. 2016-08-31.

将聚乳酸纤维作为风味添加剂的附着物。专利 CN201410428592.7 公开了“一种高截留效率的卷烟滤嘴及应用”，丝束包括具有一定体积的实心聚合物线或实心聚合物柱体，该实心线或柱体为聚乳酸纤维，可通过在其中加入香精香料成分，在抽吸卷烟时缓慢释放，增大烟气的香气量。[①] 见图 5-34。

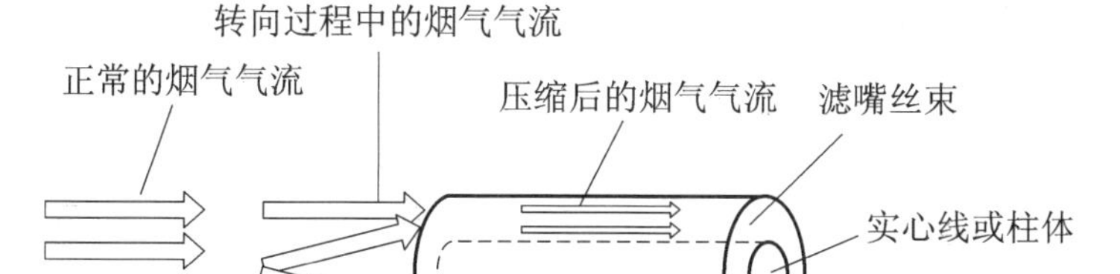

图 5-34 专利 201410428592.7 **附图**

随后，云南中烟采用聚乳酸纤维作为过滤材料制备复合滤棒。专利 CN201520442688.9 公开了“一种三元复合嘴棒”，包括由近唇端至远唇端依次排列的实心过滤器、第一锥形中空过滤器和第二锥形中空过滤器三个组成单元，该三个组成单元外侧分别由第一成形纸包裹，再由第二成形纸将该三个组成单元复合成形。第一锥形中空过滤器中具有第一锥形空腔，第二锥形中空过滤器中具有第二锥形空腔，第一锥形空腔和所述第二锥形空腔的尖端相邻排列。其中，实心过滤器的填充材料为聚乳酸纤维。通过复合滤棒的结构设计，能够降低烟气温度、促进烟气混合以缩短烟雾形成响应时间、降低抽吸阻力以及降低烟气中 CO 含量。[②] 见图 5-35。

近年来，云南中烟开发了直接采用聚乳酸纤维作为过滤材料的滤棒产品。

---

① 云南中烟工业有限责任公司. 一种高截留效率的卷烟滤嘴及应用：中国，CN201410428592.7[P]. 2014-12-10.

② 云南中烟工业有限责任公司. 一种三元复合嘴棒：中国，CN201520442688.9[P]. 2015-10-21.

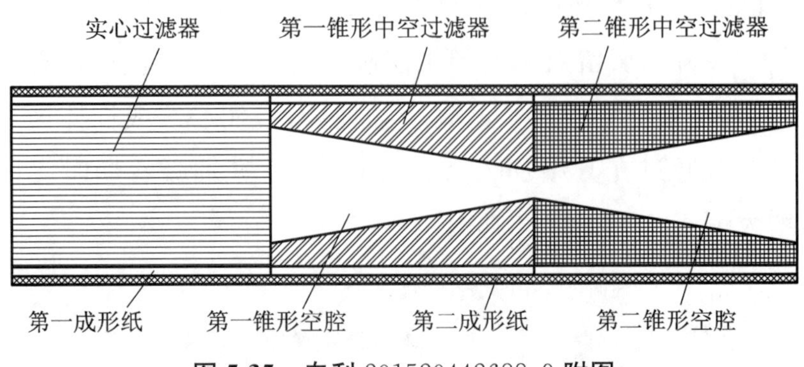

图 5-35 专利 201520442688.9 **附图**

专利 CN202211509358.8 公开了“一种聚乳酸纤维滤棒卷烟结构及其制备方法”，包括滤棒段和发烟段，滤棒段包括聚乳酸纤维丝束和用于包覆聚乳酸纤维丝束的成形纸，成形纸侧面设置有活性炭层；发烟段中的烟丝比例不低于 60%。聚乳酸纤维丝束能有效地对烟气进行降温，并具有对烟气中的木质气的高过滤性，但聚乳酸纤维丝束对烟气中挥发性羰基物具有低过滤性，而活性炭层对挥发性羰基物进行有效吸附，增加抽吸口感及安全性。[①] 见图 5-36。

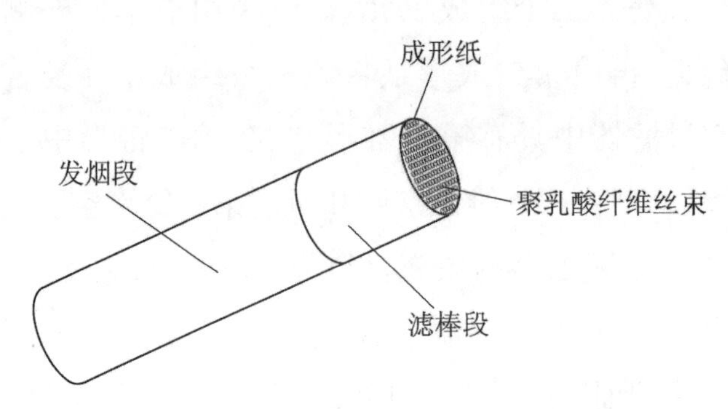

图 5-36 专利 CN202211509358.8 **附图**

专利 CN202310161156.7 公开了“一种聚乳酸纤维中空滤棒的制备方法”，将聚乳酸纤维丝束开松之后，送入成型腔内，通过加

① 云南中烟工业有限责任公司. 一种聚乳酸纤维滤棒卷烟结构及其制备方法：中国，CN202211509358.8[P]. 2023-01-17.

热后的空气对聚乳酸纤维丝束进行加热固化成型，得到聚乳酸纤维中空滤棒。[①]

5.1.3.5 南通醋酸纤维应用工艺研究

南通醋酸纤维(即南通醋酸纤维有限公司)由中国烟草总公司与美国塞拉尼斯公司合资兴建，是集化工、轻纺、热电为一体的大型工业企业。其针对聚乳酸纤维的应用主要是将聚乳酸纤维与醋酸纤维混合，从而改善滤棒的强度、可降解性、吸附性等性能。

专利CN201610190173.3公开了一种“过滤烟嘴用复合醋酸纤维非织造材料及其加工方法”，以醋酸纤维与聚乳酸纤维为原料，经过梳理、针刺、水刺和热轧加工制成复合醋酸纤维非织造材料，用作香烟过滤烟嘴中的滤材。该技术方案制备得到的滤材绿色环保、可生物降解，且采用的梳理、针刺、水刺和热轧加工方法制成的非织造材料具有三维立体的过滤空间，与烟气接触的比表面积增大，提高了对烟气的过滤效率，达到了降焦减害的目的，同时非织造材料的抗拉强度增强，满足了后续加工要求。[②]

专利CN201910977445.8公开了一种“可用于卷烟滤嘴的复合醋酸纤维非织造材料、制备方法及应用”，由醋酸纤维和其他纤维混合制成，其他纤维包括但不限于聚乳酸纤维。该技术方案制备的材料，既具有一定的吸热效应，又具有一定的过滤性能，可以降低烟气的温度，并过滤烟气中的有害成分，且抗拉强度增强，满足了后续加工要求。[③]

---

① 云南中烟工业有限责任公司.一种聚乳酸纤维中空滤棒的制备方法：中国，CN202310161156.7[P].2023-05-02

② 南通醋酸纤维有限公司.过滤烟嘴用复合醋酸纤维非织造材料及其加工方法：中国，CN201610190173.3[P].2019-09-27.

③ 南通醋酸纤维有限公司，珠海醋酸纤维有限公司，昆明醋酸纤维有限公司.可用于卷烟滤嘴的复合醋酸纤维非织造材料、制备方法及应用：中国，CN201910977445.8[P].2019-12-27.

专利 CN201910977420.8 公开了“一种气溶胶生成结构、制备方法及应用”，包括由至少一种具有相变功能的纤维的多组分纤维混合而成的无纺材料组成的滤棒，其中，纤维包括二醋酸纤维素纤维，具有相变功能的纤维为 PLA 纤维、PE 纤维、聚酯纤维、聚酰胺纤维以及含有相变材料的基础纤维。该技术方案得到的滤棒能够快速降低卷烟烟气温度，具有低吸阻、低过滤的特点。①

专利 CN202111654832.1 公开了“一种加香嘴棒材料、以其制备嘴棒的方法及复合嘴棒结构”，含有聚合物材料、香味材料及功能助剂，聚合物材料包括纤维素酯衍生物，或纤维素酯衍生物和聚烯烃、聚酯、环氧树脂的一种或多种组合；香味材料包括固体香料、液体香精及其组合；功能助剂包括增塑剂、无机填料、颜料、热稳定剂、抗氧化剂、光稳定剂的一种或多种组合，其中，纤维素酯衍生物包括但不限于醋酸纤维素，聚酯包括但不限于聚乳酸。该材料在卷烟上应用时，能够显著降低抽吸时的烟气温度，同时能够在不给烟气引入杂气的同时，丰富卷烟香气，改善卷烟抽吸体验。②

5.1.4 Lyocell 纤维应用工艺

Lyocell 纤维是香烟滤材应用的新起之秀，它无异味，热稳定性较好，并且具有优异的力学性能和吸湿性能，展现了很强的降焦除害能力，发展前景广阔。

1995 年，考脱沃兹纤维与菲莫国际等③把 Lyocell 纤维作为香

---

① 南通醋酸纤维有限公司，珠海醋酸纤维有限公司，昆明醋酸纤维有限公司. 一种气溶胶生成结构、制备方法及应用：中国，CN201910977420.8[P]. 2021-11-05.

② 南通醋酸纤维有限公司，珠海醋酸纤维有限公司，昆明醋酸纤维有限公司. 一种加香嘴棒材料、以其制备嘴棒的方法及复合嘴棒结构：中国，CN202111654832.1[P]. 2022-05-13.

③ Woodings，Calvin Roger，Edwards，et al. Cigarette filter materials：WO，9535044[P]. 1995-12-28.

烟滤嘴材料，首先把 Lyocell 短纤维制作成片状，然后用水刺法(hydroentangling)把两片 Lyocell 短纤维片缠结形成织布，使织布起褶皱，再用常规的制备纸滤嘴的设备即可制备 Lyocell 纤维滤嘴。Lyocell 纤维滤嘴具有良好的抗压能力和空气流动能力，过滤效率比乙酸纤维滤嘴高，与常见的纸滤嘴相近，其降低了消费者不适应的“纸味”。

1998 年，英国 JR 克朗普顿有限公司①用 Lyocell 纤维和合成纤维作为滤材制备滤嘴，其中以合成纤维作为基体，并把起过滤作用的 Lyocell 纤维黏合在一起形成均一的整体。合成纤维是熔点在 130～180℃的单一聚合物(如聚丙烯，熔点 165℃)或者是有高熔点的核(如聚酯、聚丙烯等)外包有低熔点的壳(如聚乙烯等)的二元纤维。这种滤嘴非常容易将焦油残留量控制在 6mg/支以下。

2006 年，里滋麻烟草②在 Lyocell 纤维等再生纤维中添加活性炭、矾土等吸附剂来作为烟气过滤材料。Lyocell 纤维过滤效率较高的原因是其保留原纤组织非常多，大大提高了去除烟雾的效率。如果使用更长的过滤嘴，则可达到规定的焦油和尼古丁含量以及 CO 的释放量。

5.1.4.1　创新主体分析

通过分析专利数据，对国内外相关厂商进行了深入的研究。图 5-37 展示了专利申请量排名前十的专利申请人。该技术领域各申请人专利申请量差距不大，其中，德尔福特、菲莫国际、里滋麻烟草、韩国烟草的专利申请量在 30 件左右；考脱沃兹纤维、罗迪阿阿克土具有 20 余件专利申请量；日本烟草和可隆工业申请专利 10

---

① Rose, John Edward, Whittaker, et al. Cigarette filter paper comprising synthetic polymer and lyocell fibers: GB, 2325248 [P]. 1998-11-18.

② Riepert, Ludwig, Peters, et al. Tobacco smoke filter made from regenerated cellulose: WO, 2006108470 [P]. 2006-10-19.

余件;其余申请人专利数量均未超过 10 件。与醋酸纤维、聚乳酸纤维等滤材的应用相比,Lyocell 纤维现有专利技术相对较少,且国外烟草巨头尚未形成大批量专利布局,具有更大创新和布局空间。

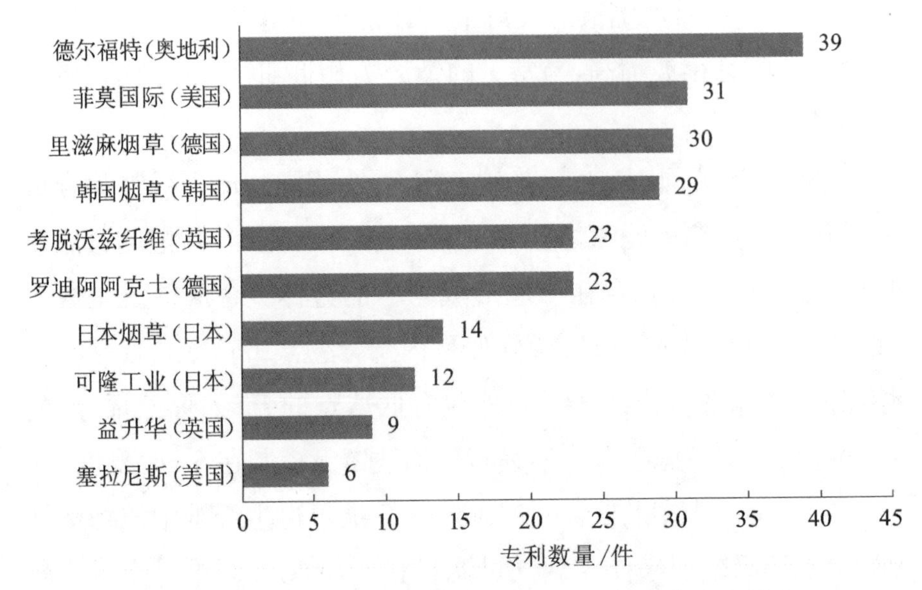

图 5-37 Lyocell 纤维滤棒领域全球前十专利申请人排名

Lyocell 纤维滤棒领域,全球专利申请量排名前十的创新主体均为国外企业。单独对国内企业进行排名分析,发现国内企业在该领域的研究和布局较少,专利较为分散,申请量均在 5 件以下。以浙江中烟、河南中烟为代表的中国烟草工业企业,宁波合康生物医药、河南省恒景环境科技等跨界企业,以浙江大学、河南农业大学为代表的科研院校均有探索性研究和布局。国内 Lyocell 纤维在滤棒中的应用研究仍处于起步阶段。

5.1.4.2 德尔福特应用工艺研究

德尔福特即德尔福特集团股份公司,是特伦伯控股公司在 2006 年将造纸子公司进行外包成立的公司。德尔福特公司的总部位于奥地利,在欧洲拥有数家工厂,在我国香港地区、美国和澳大利亚都有销售办事处。德尔福特集中发展卷烟与烟嘴包装纸、水松原纸、薄打印纸及脱模原纸等 4 个业务领域。

德尔福特针对 Lyocell 的利用始终围绕其可降解性，在保证烟草抽吸风味的同时，达到环保的目的。

专利 CN201780018157.9 公开了一种“改进的用于香烟滤嘴的滤纸”，用于制造吸烟制品所用的滤嘴。该滤纸包含纸浆纤维，该纸浆纤维可采用短纤维纸浆纤维或莱赛尔纤维，并且对纸浆纤维的组分进行限定，至少 80%（质量分数）的滤纸由长纤维、纸浆纤维形成，2%至 10%比例的纤维具有小于 0.2mm 的长度，根据 ISO 2965:2009 测量的滤纸的透气性为 500～15000cm · min^{-1} · kPa^{-1}，滤纸中纤维的平均长度大于 1mm 且小于 5mm，且滤纸中纤维的平均宽度为 10～50μm。通过对滤纸改性，其性质类似乙酸纤维素滤棒，同时兼具纸质滤嘴的可降解性能。①

专利 CN202180060611.3 公开了一种“用于吸烟制品的褶皱的过滤材料”，包括水力缠结的非织造物，非织造物包括纤维，其中纤维选自纸浆纤维、再生纤维素的纤维以及它们的混合物。这些纤维一起以水力缠结的非织造物的 50%～100%（质量分数）被包含在非织造物中，其中非织造物为幅材形式，具有在幅材运行方向上的纵向方向、位于幅材平面中与纵向方向正交的横向方向，以及与纵向方向和横向方向正交的厚度方向，成形为一种波结构。这种结构中，非织造物在由横向方向和厚度方向延伸的平面的波高度至少为 50μm、至多为 1000μm，波长至少为 150μm、至多为 5000μm；其中，再生纤维素为 Lyocell。通过对过滤材料进行改进，使其具有良好的生物降解性，并且可以优化水力缠结的非织造物的强度、厚度或密度，调节由其制造的用于吸烟制品的区段的过滤

① 德尔福特集团有限公司. 改进的用于香烟滤嘴的滤纸：中国，CN201780018157.9[P]. 2021-11-16.

效率。[①]

5.1.4.3 菲莫国际应用工艺研究

菲莫国际针对 Lyocell 在滤棒中的应用起源于 1995 年，与英国考脱沃兹纤维(控股)有限公司合作，将 Lyocell 纤维作为香烟滤嘴材料，过滤效率好且没有“纸味”。

专利 CN201380034963.7 公开了一种“用于吸烟制品的可降解型过滤嘴”，包括一段过滤材料，该过滤材料包括无定向的再生纤维素纤维和醋酸纤维素纤维，该过滤材料还包括甘油三醋酸酯，以及包围该段过滤材料的包装材料。其中再生纤维素纤维为 Lyocell。该过滤嘴在促进过滤部分尽可能快地降解的同时，选择性吸附苯酚。[②]

专利 CN201480066778.0 公开了一种“包括可降解过滤嘴部件的吸烟制品过滤嘴”，包括由醋酸纤维素和可降解聚合物的丙酮溶液形成的过滤嘴部件，可降解聚合物是聚乳酸共乙醇酸，在丙酮中可溶且在水的存在下降解，过滤嘴部件是包括多根纤维的纤维性过滤材料段，该纤维性过滤材料段可完全由 Lyocell 纤维组成，从而实现过滤嘴的降解。[③]

5.1.4.4 河南中烟应用工艺研究

河南中烟(即河南中烟工业有限责任公司)成立于 2004 年，主营业务包括卷烟、雪茄烟生产销售，与烟草生产相关的技术开发与服务等。

河南中烟在专利 CN202110456050.0 中公开了“一种复合滤

---

① 德尔福特集团有限公司. 用于吸烟制品的褶皱的过滤材料：中国，CN202180060611.3[P]. 2023-05-16.

② 菲利普莫里斯生产公司. 用于吸烟制品的可降解型过滤嘴：中国，CN201380034963.7[P]. 2015-03-11.

③ 菲利普莫里斯生产公司. 包括可降解过滤嘴部件的吸烟制品过滤嘴：中国，CN201480066778.0[P]. 2019-11-05.

棒及制备方法”，该复合滤棒包括滤棒用成形纸及其包裹的丝束部；丝束部整体呈圆柱体形状，丝束部由纤维 A 和纤维 B 混合组成，或由纤维 A 丝束段和纤维 B 丝束段两段组成，或由纤维 A 丝束段、纤维 B 丝束段及纤维 A 丝束段三段组成。纤维 B 为在纤维 A 中添加复合颗粒所制备的纤维。复合颗粒由烟秸秆制备的生物质炭及附着于生物质炭内的附着物制备而成。其中，纤维 A 可采用 Lyocell 纤维。该技术方案不仅对烟草生产的废弃物烟秸秆进行利用，并且利用生物质炭的多孔特性，将用于提高卷烟吸食效果的烟草提取物和/或烟用香精香料附着于内，在实现对烟气进行有害物质过滤的同时，提高透气性。烟气在通过滤棒时，将纤维内的烟草提取物或/和烟用香精香料带出，提高吸食品质。[①]

5.1.4.5 滁州卷烟应用工艺研究

滁州卷烟（即滁州卷烟材料有限责任公司）在专利 CN201710613762.2 中公开了“一种用于吸附卷烟烟气中苯并芘的滤嘴”，该滤嘴为一种二元复合滤嘴，包括近烟丝端的石墨化多壁碳纳米管段和近嘴端的醋酸纤维素段，近烟丝端的石墨化多壁碳纳米管段滤材由石墨化多壁碳纳米管和 Lyocell 纤维构成，通过 Lyocell 纤维的应用，能够有效吸附卷烟烟气中的有害成分苯并芘及部分重金属等。[②]

5.2 纤维素材料应用的关键技术解决方案

纸质滤棒作为最早出现的烟用滤棒之一，在 1936 年便出现在

① 河南中烟工业有限责任公司. 一种复合滤棒及制备方法：中国，CN202110456050.0[P]. 2021-07-30.

② 滁州卷烟材料有限责任公司 . 一种用于吸附卷烟烟气中苯并芘的滤嘴：中国，CN201710613762.2[P]. 2017-11-10.

市面上，且随着有关吸烟有害健康的流行病学研究结果发布，消费者已充分认识到吸烟的危害性，对滤棒的要求逐渐提高，不仅要求滤棒能够滤除主流烟气中的部分有害物质，降低主流烟气对人体和环境的危害，还要求能够保证消费者的抽吸体验。纸质滤棒通常采用纯木浆作为原料，木浆经打浆处理后抄制成纸，然后经卷曲成棒。由于纤维在打浆处理后会出现分丝帚化现象，因此，纤维的比表面积大，对焦油的吸附能力强、成本低，但是存在抗水性差（吸水性强）、弹性差、吸味差、烟气干燥及对喉部刺激感稍大等多种缺陷，导致长期以来未能在卷烟中得到广泛应用。纸质滤棒中的纸味缺陷、容易热塌陷以及截留效果差成为制约纸质滤棒发展的主要因素。

研究者们对纸质滤棒中的纸味缺陷、容易热塌陷以及截留效果差等问题进行了大量研究，相关专利分布情况如图 5-38 所示。行业内对上述问题的关注度整体差异不大，现有专利体量相当。但相对于热塌陷和截留效果，研究者们对于去除纸味的研究相对较多，专利申请量占比超过了 40%，可能与抽吸风味是消费者最容易感知与察觉的问题，能够直接影响抽吸体验密切相关。

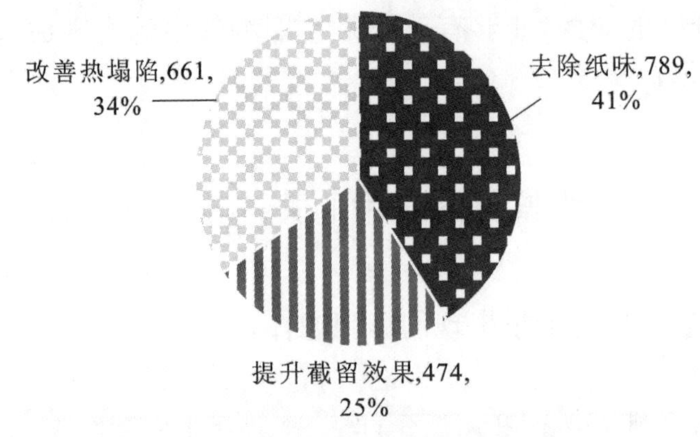

图 5-38 纸质滤棒关键技术专利分布

为了提高纸质滤棒基纸的物理性能，彭庆华等人利用聚丙烯酰胺作为助留剂，节约填料并提高纤维留着率，从而降低了网上浆料和网下白水的浓度，使得湿纸易脱水，成纸较为平整、柔软度较高，且不影响纸张的抗张强度、白度、匀度等性能。杨光旺将瓜尔胶加入滤棒纸中，与其他化学助剂相比，瓜尔胶使用简单、生产成本低，不需要单独的溶解、搅拌工序，也不存在分子链的剪切降解问题，可有效提高滤棒填充原纸的均匀度、抗张强度。杨良驹等人将植物提取物加入滤棒填充纸中，在赋予香气的同时，在一定程度上提高了纸张的强度。盛培秀等人在对 CAP 纸性能进行研究的基础上对滤棒做了系统性研究，结果表明，CAP 原纸的紧度及抗张强度随醋酸纤维的含量升高而降低，柔软度随醋酸纤维含量升高而升高，为保证填充原纸的强度，醋酸纤维的添加临界比例为70％。由于木浆纤维的吸湿性强于醋酸纤维，因此，以醋酸纤维和植物纤维为原料的 CAP 纸的吸水能力适中，一定程度上缓解了纸滤棒“热塌陷”的问题，可有效保持烟气中的香气、水分，并降低干刺感。经分析检测，CAPF 的总孔面积约是单一醋纤滤棒的 3 倍，由于植物纤维富有纹孔，且当纤维经过打浆工序后分丝帚化，其比表面积增大，因此，与单一醋纤滤棒相比，以醋酸纤维纸制成的滤棒可有效降低烟气中 15％～41％的焦油量，每毫米的降焦效率提高 1.5％以上。针对其他有害物质，CAPF 滤棒可有效降低烟气中的氢氰酸(HCN)、氨气(NH_3)、苯并芘(B[a]P)、甲基亚硝酸胺吡啶基丁酮(NNK)。其中，NH_3 极易溶于水，且木浆纤维具有较强的吸湿性，因此，NH_3、B[a]P 降低 15％以上，NNK 降低 20％以上。在抽吸感觉上，CAPF 优于纸类-醋酸纤维复合滤棒，且刺激性较低。[①]

① 王健. 烟用嘴棒填充纸的工艺改进及功能化研究[D]. 北京：中国制浆造纸研究院，2023.

5.2.1　去除纸味技术方案研究

纸质滤棒由于纤维中的羟基能够有效吸收水分，且其对烟气粒相组分截留效率高，因此，在使用中烟香浓度较淡、香气量不足、烟气刺激性增加、有明显的纸味。①

5.2.1.1　去除纸味专利技术概览

纸质滤棒去除纸味相关技术发展于2010年左右，此后相关专利技术产出逐步趋于平稳。见图5-39。2009年各创新主体对于去除纸味的研发投入加大，专利年申请量明显增多。此后专利年申请量虽然存在一定的波动，但是整体趋于平稳态势，保持在40件左右。可见，各创新主体对于去除纸味的技术研究始终保持着一定的关注度。

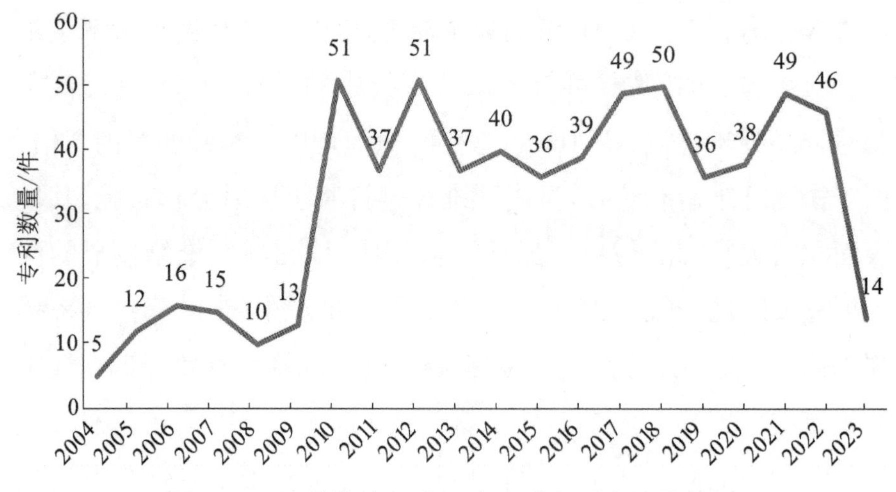

图5-39　纸质滤棒去除纸味全球专利申请趋势图

日本烟草、大赛璐在去除纸味方面具有一定的技术优势，尤其是日本烟草，专利数量超过百件。全球前十排名榜中，中国企业占

① 曾万怡，向能军，龚为民，等. 纸质滤棒对卷烟主流烟气中有害物质的影响[J]. 中国造纸，2014，33(6)：35-39.

据半数，分别为云南中烟、湖南中烟、广东中烟、红云红河和湖北中烟，其中以云南中烟和湖南中烟表现最为突出，位居全球排名榜前四位。见图 5-40。

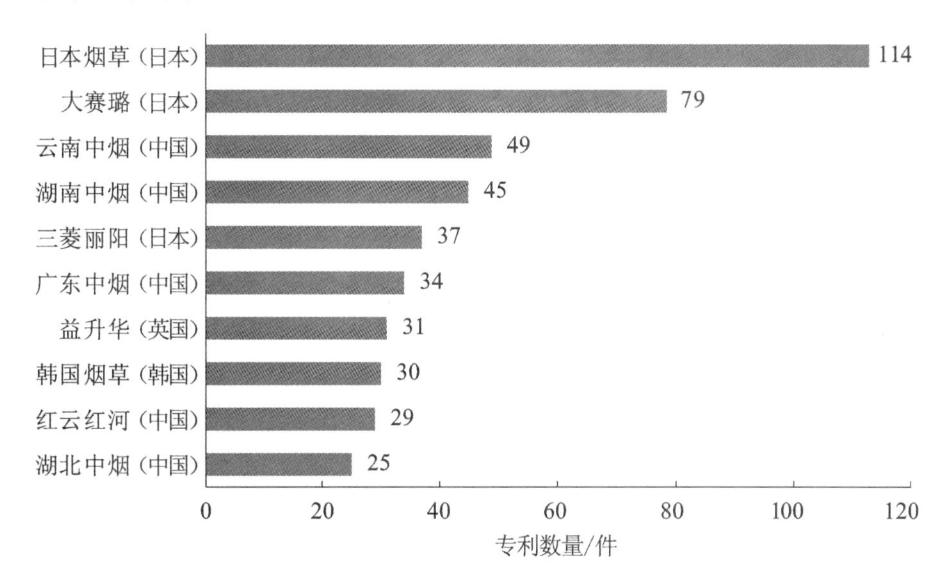

图 5-40 纸质滤棒去除纸味全球前十专利申请人排名

5.2.1.2 添加剂去除纸味技术方案研究

国内外已开展改善抽吸“纸味”的技术研究，主要是通过在纸质滤棒用纸的制备过程中加入添加剂从而去除纸味，其中以添加植物提取物的研究最多。

(1)添加植物提取物去除纸味

刘雯等人把从铁观音茶中提取的有效成分添加到卷烟成形纸中，结合卷烟感官质量评价对铁观音茶提取物在卷烟成形纸中应用的可行性进行了初步的探讨。结果表明，铁观音茶提取物能明显改善卷烟抽吸品质，使烟气柔和、甜润，并能凸显茶香①。

黄富等人将分子囊化薄荷脑涂布于卷烟原纸上，制成特色薄

① 刘雯，李桂珍，何雪峰，等. 铁观音茶提取物在卷烟成形纸中的应用[J]. 湖北农业科学，2013，52(8)：1916.

荷型卷烟纸并卷制成烟支。与传统薄荷型卷烟的生产相比，采用特色薄荷型卷烟纸生产卷烟，减少了薄荷脑在贮存期间的挥发转移，且薄荷清凉感不随抽吸口数的增加而减少，确保了抽吸时口味始终如一，改善了薄荷型卷烟的品质，并解决了薄荷型卷烟生产中生产线串味的问题。①

红云红河烟草(集团)有限责任公司在专利CN201110182609.1中公开了“一种能提高卷烟抽吸品质的滤棒成形纸及其制备方法”，该滤棒成形纸是在常规或高透成形纸中添加天然植物提取物后得到的。天然植物提取物为罗汉果、菊花、金银花、淡竹叶、胖大海和柠檬经纯净水提取，食用酒精脱香、脱色，再进行萃取、离心、超细过滤后浓缩制得。所制成的滤棒成形纸产品能够消除现有成形纸纤维素异味，丰富了滤棒成形纸的内在表现形式，使产品的抽吸品质和风格特征与现有的产品相比有所提升。②

广东中烟工业有限责任公司与云南瑞升烟草技术(集团)有限公司在专利CN201110320177.6中公开了“一种滤棒成形纸的增香方法”，将云南石林种植的NC82烟草粉碎或切丝作为香料源，用90%～98%的乙醇溶液进行常温浸提得到香料浸提液；将滤液在真空度为0.02～0.08MPa、温度为70～80℃的条件下进行减压蒸馏，分离得到常压下沸点为160～220℃的致香成分物质；再将致香成分按照占成形纸干纸质量的0.5%～8.0%的量涂布在成形纸上，在卷烟抽吸时不引入杂气，达到提高卷烟香气浓度、协调烟香、改善舒适性、提升卷烟品质的目的。③

---

① 黄富，刘斌，王平军. 特色薄荷型卷烟纸的开发与应用[J]. 中国造纸，2012，31(1)：42.

② 红云红河烟草(集团)有限责任公司. 一种能提高卷烟抽吸品质的滤棒成形纸及其制备方法：中国. CN201110182609.1 [P]. 2011-11-16.

③ 广东中烟工业有限责任公司，云南瑞升烟草技术(集团)有限公司. 一种滤棒成形纸的增香方法：中国，CN201110320177.6[P]. 2014-07-02.

云南正邦生物技术有限公司与吉林烟草工业有限责任公司在专利 CN201020683649.5 中公开了一种“卷烟滤棒用纸及卷烟滤棒”，包括滤芯，将滤芯卷包的卷烟滤棒用纸。卷烟滤棒用纸由成形纸层和复合在所述成形纸层上的冻干植物吸附层构成，冻干植物吸附层与所述滤芯相接触。冻干植物吸附层由冻干植物材料形成，冻干植物材料为采用医药冻干方式得到的材料，其原有的营养成分、天然结构、活性物质和特有的香气不会发生变化，用作卷烟滤棒时，能够为烟气增加香气，使吸入的烟气香气多元化，从而提高卷烟的吸味。[①] 见图 5-41。

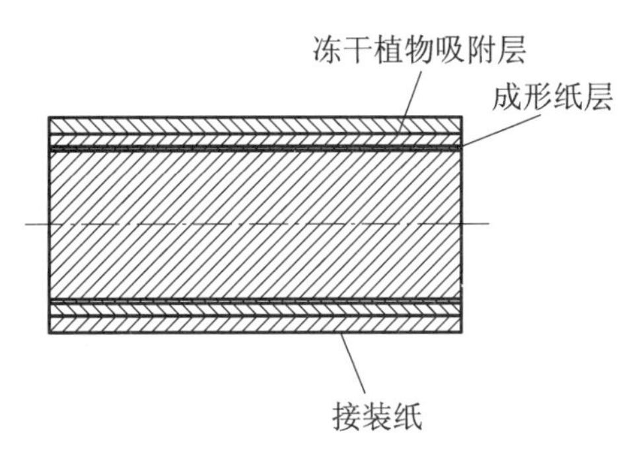

图 5-41　专利 CN201020683649.5 **附图**

武汉卷烟厂在专利 CN00131209.X 中公开了一种“各种风味风格卷烟水松纸及其制造方法”，用含有香、甜、酸、苦、辛等各种风味风格的水松纸印刷涂料涂布印制在包裹滤棒的水松纸上。使生产的卷烟，具有香、甜、酸、苦、辛等不同风味风格，增加了卷烟的花色品种，提高了卷烟的档次。[②]

陕西中烟工业有限责任公司在专利 CN201010613331.4 中公开了“一种掩盖改良深色接装纸异味的香料添加剂”，以烟草提取

---

① 吉林烟草工业有限责任公司，云南正邦生物技术有限公司. 卷烟滤棒用纸及卷烟滤棒：中国，CN201020683649.5 [P]. 2011-11-09.

② 武汉卷烟厂. 各种风味风格卷烟水松纸及其制造方法：中国，CN00131209.X [P]. 2002-07-3.

物、烟草致香物质和植物提取物为主要原料，综合配合多种单体及板块香料，明显掩盖深色接装纸异味，且与香烟协调性好，其中“树苔净油”有协调烟香功能，胡萝卜提取物有提高烟香和掩盖油墨杂气功能，提高了香气质量，且香气柔和、细腻，烟气浓度高。[①]

红塔烟草(集团)有限责任公司在专利 CN200810210590.5 中公开了“一种添加中草药添加剂的水松纸及其制备方法”，从黄精、杭白菊、北沙参、枸杞和金银花中提取其固体物作为水松纸的添加剂，通过喷涂、浸泡或印刷将其添加到水松纸上，能够不破坏烟香，改善抽烟时嘴唇发干等不适感，口腔有生津回甜感，烟气湿润感好，且可以减少吸烟引起的咽喉不适、咳嗽、痰多等症状。[②]

广东中烟工业有限责任公司在专利 CN201010101358.5 中公开了“一种薄荷烟用卷烟纸及其制备方法”，将薄荷的叶、茎洗净，自然晾干后，在低温下烘干，粉碎后过筛得到薄荷颗粒。在卷烟纸生产过程中，将薄荷颗粒加入纸浆中，并与纸浆纤维混合均匀，制成卷烟纸。用该卷烟纸制成的薄荷卷烟，具有天然的薄荷香味，能有效提升卷烟抽吸品质。[③]

湖南中烟工业有限责任公司在专利 CN200910311061.9 中公开了“一种含中草药成分的卷烟纸质滤材制备和应用”，将款冬花、紫苑、荆芥、桔梗、芦根、矮地茶、百部、白前、薄荷、甘草等中的一种或几种粉碎后，与造纸用的木浆、棉浆或竹浆等一起磨浆，或将原料经水或乙醇浸提后，将提取物涂布或喷洒在卷烟纸质滤材上。卷烟纸质滤材经压纹、干燥、分切，成型为卷烟滤嘴棒，该滤嘴棒能

---

① 陕西中烟工业有限责任公司. 一种掩盖改良深色接装纸异味的香料添加剂：中国，CN201010613331.4 [P]. 2014-06-04.

② 红塔烟草(集团)有限责任公司. 一种添加中草药添加剂的水松纸及其制备方法：中国，CN200810210590.5 [P]. 2010-03-10.

③ 广东中烟工业有限责任公司. 一种薄荷烟用卷烟纸及其制备方法：中国，CN201010101358.5[P]. 2012-01-11.

显著降低纸质滤棒卷烟的刺激性和杂气，改善吸味，提高纸质滤材在卷烟中的适用性。[①]

(2)其他添加剂去除纸味

红塔烟草(集团)有限责任公司在专利CN200810177083.6中公开了“一种多功能卷烟纸及其制备方法”，以甘草酸钾作为改善剂添加到卷烟纸上，不仅对卷烟纸具有助燃功效，还能够减少卷烟纸燃烧产生木质气引起的不适，对烟草本香改变很少，同时可提高卷烟烟气的香气质感，增加圆润性，提高口感舒适性并改善吃味。[②]

湖南中烟工业有限责任公司在专利CN201110149439.7中公开了“一种弱极性卷烟纸质滤材及其制备和应用方法”，选取木浆纤维和麻浆纤维中的一种或两种，与弱极性化学纤维(如聚乙烯纤维、聚丙烯纤维、聚苯乙烯纤维和聚醋酸纤维等)混合，经疏解、磨浆后，在浆料里添加极性调节助剂，采用湿法抄纸得到纸质滤材，将其成型后制成的纸质滤棒或复合滤棒应用于卷烟，显著改善了普通纸质滤棒对卷烟感官质量的影响，极大地提高了纸质滤棒在卷烟中的适用性。[③]

5.2.1.3 纤维复合技术去除纸味技术方案研究

除了采用从植物中提取添加剂改变纸质滤棒抽吸性能，去除纸味的另一主流研究方向为木浆纤维与其他纤维复合技术。

陈雪峰等人[④]将醋酸纤维与植物纤维混合，采用湿法造纸配抄出醋酸纤维纸(CAP纸)，然后成型成醋酸纤维纸质滤棒(CAPF)。

---

① 湖南中烟工业有限责任公司.一种含中草药成分的卷烟纸质滤材制备和应用：中国，CN200910311061.9[P].2011-06-01.

② 红塔烟草(集团)有限责任公司.一种多功能卷烟纸及其制备方法：中国，CN200810177083.6[P].2010-06-16.

③ 湖南中烟工业有限责任公司.一种弱极性卷烟纸质滤材及其制备和应用方法：中国，CN201110149439.7[P].2013-04-10.

④ 陈雪峰，陈哲庆，赵涛，等.卷烟滤嘴棒填充纸及嘴棒性能的研究[J].中国造纸，2011，30(08)：13-17.

CAPF兼具吸附性好、回弹性能佳、对焦油的截留效果好等优点，同时还提高了废弃醋酸纤维的利用率，减少了其焚烧处理带来的环境负担。使用纤维素材料对填充纸进行改性逐渐发展成研究热点。

盛培秀等人将醋酸纤维加入木浆纤维中，制成含有醋酸纤维素的纸质滤棒，可提升卷烟抽吸品质，使其接近醋酸纤维滤棒的感官抽吸品质。①

上海洁晟环保科技有限公司在专利CN201910982554.9中公开了“一种纸质过滤材料及其制备方法与应用”，该纸质过滤材料包括从上到下依次设置的第一静电纺丝纤维层、基底层以及第二静电纺丝纤维层。其中，第一静电纺丝纤维层、基底层以及第二静电纺丝纤维层采用二醋酸纤维素聚合物溶液制备，第一静电纺丝纤维层与第二静电纺丝纤维层分别独立地通过静电纺丝设置于基底层。纸质过滤材料以瓦楞纸作为基底层，通过选择特定组成与结构的瓦楞纸，使瓦楞纸的吸阻较低且能够吸附香烟烟气中的粒相物。通过静电纺丝在瓦楞纸的两侧设置静电纺丝纤维层，静电纺丝纤维层具有超细的纤维直径和超高的比表面积与孔隙率。纸质过滤材料用作香烟滤嘴时，能够显著降低香烟烟气中的焦油含量，同时能够避免抽吸过程中纸张味道对香烟风味的影响。②

中轻特种纤维材料有限公司与中国制浆造纸研究院有限公司在专利CN202011330906.1中公开了“一种含有纳米纤维素的卷烟滤嘴棒填充纸及其制备方法”，该卷烟滤嘴棒填充纸的制备原料包括纤维原料和助剂。纤维原料各组分如下：醋酸纤维47.5～85

① 盛培秀，王月江，黄小雷，等.含有醋酸纤维素的纤维纸及滤棒的开发与性能研究[J].烟草科技，2014(1)：5-11.

② 上海洁晟环保科技有限公司.一种纸质过滤材料及其制备方法与应用：中国，CN201910982554.9[P].2020-01-17.

份，纳米纤维素 0.01～30 份；助剂的质量为纤维原料质量的 0.001%～0.5%。该技术方案通过在卷烟滤嘴棒填充纸中添加纳米纤维素，能够明显改善卷烟滤嘴棒填充纸掉毛掉粉情况，且纸张柔软度明显提升。同时，使用纳米纤维素，能够减轻"纸味"，使卷烟具有优异的抽吸品质。①

红云红河烟草（集团）有限责任公司与中国烟草总公司郑州烟草研究院在专利 CN20141031417 中公开了"一种用于制备纸质滤嘴用卷烟纸的添加剂"，该添加剂以天然植物胶、纤维素或淀粉为原料，在催化剂作用下通过酯化反应制备而成。具体方法如下：将原料加入冰醋酸中，原料与冰醋酸的质量比为 0.1～0.5，在 1h 内将原料重量 2～5 倍的酯化剂加入反应体系中，然后加入原料质量 0.05%～0.5%的催化剂，并升温至 60～90℃反应 3～10h，反应结束后，抽滤、用水洗涤、干燥即得添加剂，用于生产滤嘴用纸。该类添加剂的使用能够有效改善纸质滤嘴型卷烟的吸味、提高感官质量。②

湖南中烟工业有限责任公司在专利 CN200810143461.9 中公开了"一种卷烟滤棒制备用的醋酸纤维涂层纸、纸质滤棒及制备方法"，以植物纤维、人造纤维、化学纤维或其他改性纤维中的一种或几种制造的纸为原纸，在原纸的一面或两面进行醋酸纤维涂层后制造而成。纸质滤棒是采用上述经醋酸纤维涂层后制造的纸为原料，用嘴棒成型机制造而成。该技术方案既降低了醋酸纤维或醋酸纤维素的用量，进而降低了成本，又显著提高了纸质滤棒卷烟的

---

① 中国制浆造纸研究院有限公司，中轻特种纤维材料有限公司. 一种含有纳米纤维素的卷烟滤嘴棒填充纸及其制备方法：中国，CN202011330906.1[P]. 2022-12-27.

② 中国烟草总公司郑州烟草研究院，红云红河烟草（集团）有限责任公司. 一种用于制备纸质滤嘴用卷烟纸的添加剂：中国，CN20141031417[P]. 2014-10-15.

感官质量。① 见图 5-42。

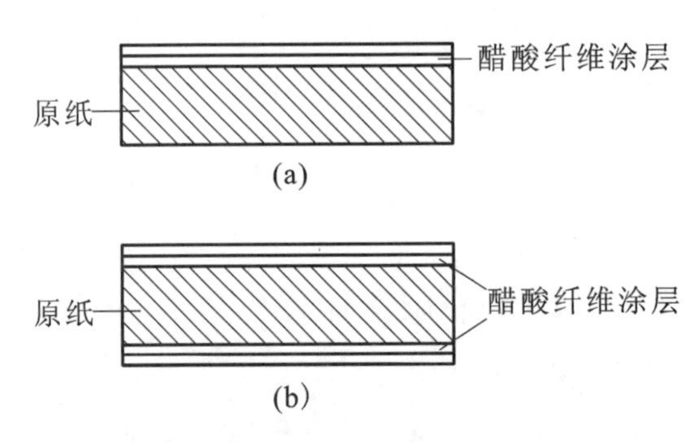

图 5-42 专利 CN200810143461.9 **附图**

云南瑞升烟草技术(集团)有限公司在专利 CN201110183860.X 中公开了“一种含聚酯纤维的卷烟滤嘴用纸质滤材及其制备方法”,纸质滤材含聚酯纤维 10%～90%,其余为木浆纤维或非木浆纤维,还含有聚酯纤维质量 0.1%～5%的功能助剂以及纸质滤材质量 0.1%～5%的涂布料。聚酯纤维为聚对苯二甲酸乙二醇酯纤维或聚乳酸纤维或聚(β-羟基丁酸酯)(β-PHB)纤维或聚丁二酸丁二醇酯纤维;木浆纤维为针叶木浆纤维或/和阔叶木浆纤维;功能助剂为水溶性高分子材料或多肽,多肽为植物多肽或动物多肽。制备方法是向聚酯纤维中加入功能助剂,磨浆,得到聚酯纤维浆料,然后分别与制备的非木浆纤维浆料或木浆纤维浆料在配浆池中混匀配浆,由造纸机抄造成型,经脱水、一次干燥后得到干纸,将涂布料按照干纸质量的 0.1%～5%涂布在纸面上,再进行二次干燥。该技术方案可扩大纸质滤材抄造可用的纤维原料范围,改善纸张性能,减轻纸质滤材对卷烟抽吸品质的影响。②

广东中烟工业有限责任公司与广东省金叶科技开发有限公司

① 湖南中烟工业有限责任公司.一种卷烟滤棒制备用的醋酸纤维涂层纸、纸质滤棒及制备方法:中国,CN200810143461.9[P].2009-04-15.

② 云南瑞升烟草技术(集团)有限公司.一种含聚酯纤维的卷烟滤嘴用纸质滤材及其制备方法:中国,CN201110183860.X[P].2013-12-18.

在专利CN201210588881.4中公开了"一种烟草纤维纸质滤棒及其制备方法",纸质滤棒由滤芯和成形纸组成,滤芯由纸质纤维卷制而得,纸质纤维是采用烟草原料和长纤维原料分别磨浆得到烟草纤维浆和长纤维浆,之后进行配浆、抄片、压榨、干燥,制成纤维纸基,再经涂布、干燥、辊压即得。该技术方案基于湿法造纸,将烟草纤维和长纤维在造纸阶段和配浆阶段就按适宜的比例混合,所得纸质滤棒不但具有比醋酸纤维滤棒更强的去除焦油和尼古丁的能力,而且能成功消除长纤维的木质杂气。该技术方案中滤棒的原料来源于天然植物,只有"烟草的味道",没有"纸张或者化纤的味道",滤棒的颜色与香烟烟丝一致,具有烟草天然材料质感,为卷烟技术领域指引了新的方向。①

5.2.2 提升截留效果技术方案研究

纸质滤棒作为最早出现的滤棒之一,具有成本低、制作方便的优点。相较于醋酸纤维滤棒而言,纸质滤棒截留焦油效果好,但是纸质滤棒截留酚类物质的效率低。② 常见的滤棒填充材料及特点见表5-1。

表5-1 常见的滤棒填充材料及特点

填充材料种类	特点
二醋酸纤维丝束	无毒无味、吸阻小、硬度低,吸附力强、截留效果好,较大保留烟气致香成分及水分
聚丙烯丝束	吸阻较小、有效截留烟气中的自由基,成本较二醋酸纤维低

① 广东中烟工业有限责任公司、广东省金叶烟草薄片技术开发有限公司.一种烟草纤维纸质滤棒及其制备方法:中国,CN201210588881.4[P].2014-06-04.

② 曾万怡,向能军,龚为民,等.纸质滤嘴棒对卷烟主流烟气中有害物质的影响[J].中国造纸.2014,33(06),35-39.

续表 5-1

填充材料种类	特点
木浆纸	烟香较淡薄、烟气水分含量少、抽吸有干刺感，对焦油、烟碱的吸附截留效果好
麻浆纸	较木浆成纸柔软，具有一定的抗菌防腐作用
竹浆纸	较木浆成纸柔软、清香，烟气水分含量较木浆纸高，对焦油的截留效果好
CAP	兼具二醋酸丝束与木浆纸共同特点

为了提高纸质滤棒的截留效果，改进方向主要包括：在木浆纤维中加入添加剂降焦减害；在木浆纤维中添加植物提取物降低自由基；将木浆纤维与其他纤维复合降焦减害；进行结构优化等。

5.2.2.1 提升截留效果专利技术概览

提升纸质滤棒截留效果相关技术研究呈现阶段性发展趋势。见图 5-43。2010 年左右，以益升华为代表的国外创新主体加大了提升截留效果技术方案的研究力度，专利申请量显著增加，此后国外主要企业专利布局力度有所收紧，专利申请量明显减少，该技术领域进入疲软期。2015 年左右，国内技术市场快速发展，该领域专利申请量再度攀升。

专利申请量排名前十的创新主体中，国外企业占据六席，以罗迪阿阿克土、益升华、里滋麻烟草表现最为突出，专利申请量在 50 件左右。国内企业占据四席，分别为湖南中烟、江苏大亚、云南中烟、广东中烟四家烟草工业企业。见图 5-44。

5.2.2.2 木浆纤维中加入添加剂降焦减害

董有等人利用海泡石提高了填充纸对有害物质的吸附量，相较于单一醋酸纤维滤嘴棒，加有海泡石的纸醋酸纤维复合滤嘴棒

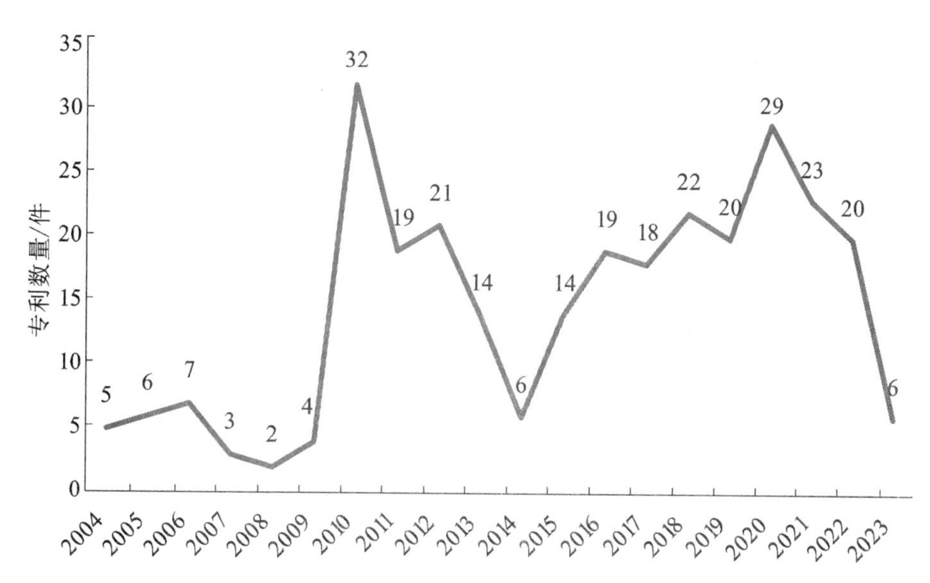

图 5-43 纸质滤棒提升截留效果全球专利申请趋势图

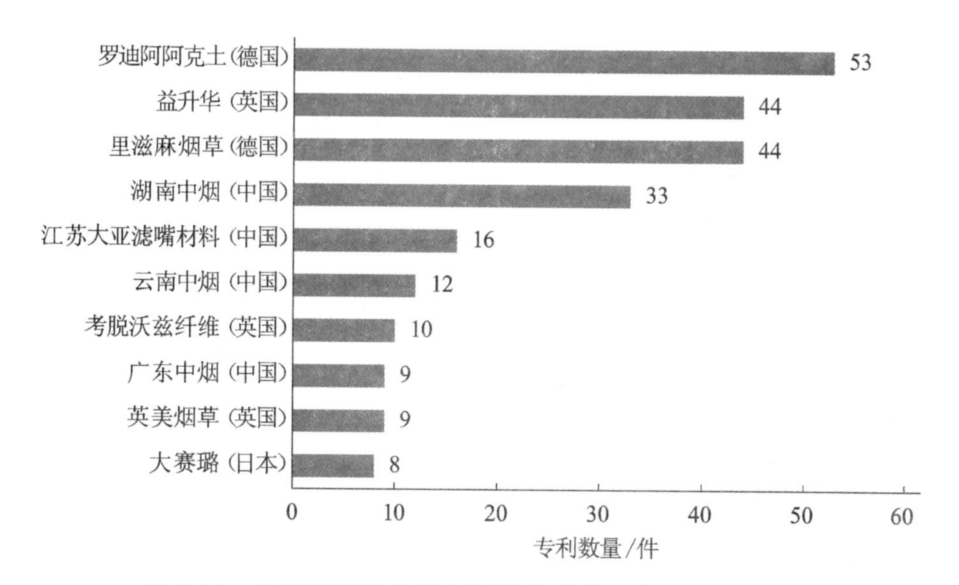

图 5-44 纸质滤棒提升截留效果全球前十专利申请人排名

的焦油透过量减少了 19%，烟碱透过量减少了 28%。[①]

云南恩典科技产业发展有限公司在专利 CN201320153998. X

① 董有，马进城. 豫西南海泡石卷烟过滤嘴的实验[J]. 烟草科技，1993(2)：8-11.

中公开了“一种由增塑剂固联活性炭颗粒的香烟滤棒”，该滤棒中的活性炭颗粒、增塑剂与醋酸纤维具有特定的结合形态，活性炭颗粒有合适的吸附面积，吸附能力适中，既能够吸附烟气中的有害物质，也不会造成烟气中水分过多损失、破坏烟气，同时外形完整，活性炭颗粒不会脱落，解决了现有技术中含活性炭滤棒存在的吸附性能、吸阻、外形以及对烟气影响等方面的问题。[①] 见图 5-45。

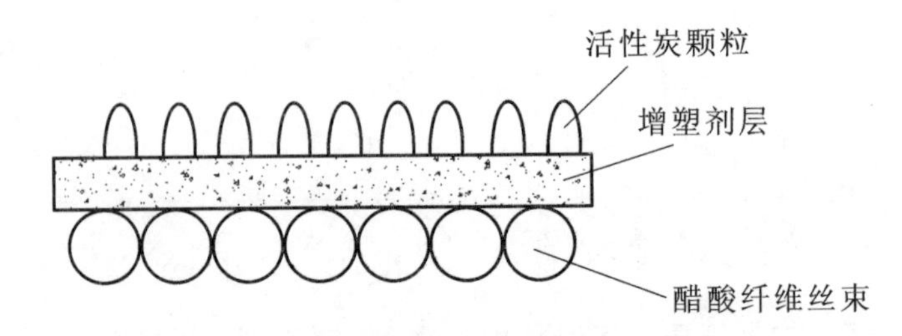

图 5-45 专利 CN201320153998. X **附图**

湖南中烟工业有限责任公司在专利 CN200810143022. 8 中公开了一种“降低卷烟烟气 CO、NO_x 等有害物成形纸涂料”，提供了一种能够减少卷烟在燃烧过程中产生有害成分的卷烟涂料。该涂料由聚乙烯醇树脂液、电气石粉、水溶性贵金属盐等材料配制而成，将该涂料涂布在卷烟高透成形纸上制成功能性滤棒。用这种涂料可以除去烟气中 15%以上的 CO、25%以上的 NO_x、25%以上的 TSNAs 等有害成分，并减少重金属和其他有害成分，同时改善口感[②]。

中国烟草总公司郑州烟草研究院在专利 CN201220023208. 1 中公开了“一种涂布金属络合材料的减害型卷烟纸”，包括卷烟纸基材层和附着在基材层上面的金属络合材料涂覆层。金属络合材

① 云南恩典科技产业发展有限公司. 一种由增塑剂固联活性炭颗粒的香烟滤棒：中国，CN201320153998. X[P]. 2013-08-21.

② 湖南中烟工业有限责任公司. 降低卷烟烟气 CO，NO_x 等有害物成形纸涂料：中国，CN200810143022. 8[P]. 2009-02-11.

料涂覆层是将具有较大比表面积的多孔载体与不同的金属离子络合后得到。该技术方案将金属络合材料涂布在卷烟纸上而研制出一种可选择性降低卷烟烟气氢氰酸释放量的改性卷烟纸。在卷烟纸的定量和透气度均变化不明显的前提下,可选择性降低卷烟主流烟气中有害的氢氰酸释放量,从而达到选择性降低卷烟危害性的目的。①

云南瑞升烟草技术(集团)有限公司在专利 CN201210183405.4 中公开了“一种可选择吸附卷烟滤嘴棒用干法纸质滤材及其制备方法”,其中,纸质滤材由 80～100 份的基材纤维、0～20 份的黏合剂,以及基材纤维重量 0.5%～10%的吸附材料通过干法制纸工艺加工而成。制备方法包括纤维成网、吸附材料涂敷、纸质滤材成型工序。将含有热熔纤维的纤维原料以气流成网方式形成纤维网并预压,再将吸附材料均匀喷涂在累积的纤维网层中,或与胶粘剂混合后喷涂于纤维网正面,经辊压成型。纤维网反面喷涂吸附材料后再施胶、辊压成型后得到纸质滤材。该技术方案能有效降低卷烟烟气中的固体粒相物、尼古丁、烟碱等有害成分,显著降低焦油含量,改善卷烟抽吸品质,提高卷烟安全性。②

湖南中烟工业有限责任公司在专利 CN201010279574.9 中公开了“一种降低卷烟烟气中酚类物质的纸质滤棒”,该纸质滤棒中经胺类化合物官能化的二醋酸纤维的含量为 10%～60%(质量分数),其余为木浆纤维或麻浆纤维中的一种或几种。该技术方案采用含经胺类物质官能化的二醋酸纤维的烟用纸质滤棒,克服了采用纯植物纤维纸质滤棒烟气发干、感官质量评价下降的缺点,在保

① 中国烟草总公司郑州烟草研究院.一种涂布金属络合材料的减害型卷烟纸:中国,CN201220023208.1[P].2012-09-05.

② 云南瑞升烟草技术(集团)有限公司.一种可选择吸附卷烟滤嘴棒用干法纸质滤材及其制备方法:中国,CN201210183405.4[P].2014-06-25.

持卷烟感官质量评价基本不变的条件下，焦油可降低 3～5mg/支，苯酚、邻苯二酚、间苯二酚、对苯二酚和对甲酚的去除率最好，分别可达 36.04%、18.03%、36.81%、22.04%和 29.83%。[①]

5.2.2.3 木浆纤维中添加植物提取物降低自由基

姚二民等人以茶叶末为主要原料，与木浆纤维按照一定比例混合，制造出茶叶纸，用茶叶纸制成茶质滤嘴棒后与卷烟对接，制成茶质滤嘴棒卷烟。检测结果表明，与对照滤嘴棒卷烟相比，茶质滤嘴棒卷烟烟气气相自由基和固相自由基分别降低 16.42%～36.80%和 18.00%～33.80%，茶质滤嘴棒卷烟烟气中 N-亚硝基去甲基烟碱（NNN）、4-（N-甲基亚硝胺基）-1-（3-吡啶基）-1-丁酮（NNK）、N-亚硝基假木贼碱（NAB）、N-亚硝基新烟草碱（NAT）和总 TSNAs 分别降低 16.88%～23.04%、11.62%～15.12%、17.41%～26.04%、11.39%～17.38%和 14.61%～17.41%。[②]

云南恩典科技产业发展有限公司在专利 CN201110304581.4 中公开了“一种含有普洱茶提取物功能剂的香烟滤棒的制备方法”，采用植物提取领域的常规方法，从普洱茶中提取出茶多酚，咖啡碱，微量元素铬、锰、硒、锌，以及香气成分等有效成分（主要是茶多酚类物质）。用这些有效成分制备功能剂，将含有普洱茶提取物制备的功能剂添加到滤棒芯线上，芯线可以采用壳聚糖纤维制备。普洱茶提取物中的茶多酚类物质能降低烟气中的自由基，茶多酚挥发，随烟气进入人体后能降低人体内自由基的活性，同时壳聚糖纤维能很好地吸附烟气中的重金属离子，减少、清除烟气中的重

① 湖南中烟工业有限责任公司.一种降低卷烟烟气中酚类物质的纸质滤棒：中国，CN201010279574.9[P].2012-05-30.

② 姚二民，张峻松，梁永林，等.茶叶滤棒降低吸烟有害成分的应用研究[J]食品研究与开发，2009，30(9)：36.

金属。[①]

刘波在专利 CN200610065876.X 中公开了一种"减害降焦烟用成形纸涂料",提供了一种能够减少卷烟在燃烧过程中产生的有害成分的成形纸涂料。该涂料由树脂、中草药萃取液、吸附材料等配制而成,将该涂料涂覆在卷烟高透成形纸上制成滤棒。用这种滤棒可以除去烟气中 40%的一氧化碳和二氧化碳、80%的氯化氢、70%的丙烯醛和苯,减少重金属及有害成分,达到清咽利喉的作用,减少吸烟者的口腔异味,同时改善卷烟烟气的刺激性,改善口感。[②] 见图 5-46。

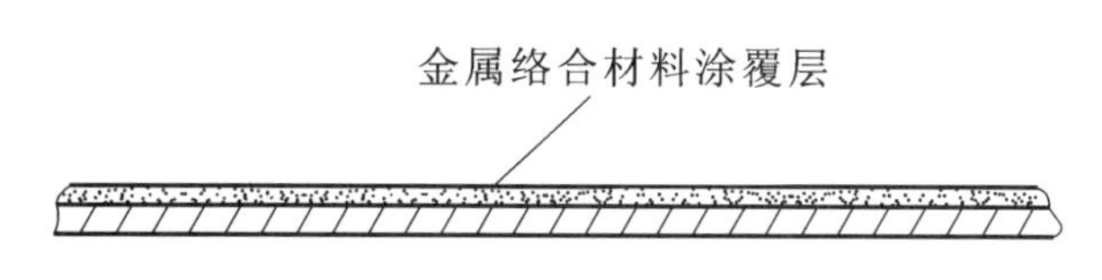

图 5-46　专利 200610065876.X **附图**

云南绅博源生物科技有限公司在专利 CN201110250573.6 中公开了"一种卷烟纸添加剂及其应用",将菊花与罗布麻、淡竹叶、迷迭香、黄芪、蒲公英或白花蛇舌草中的一种或任意几种混合后提取出的物质制备添加剂,其中,菊花占 10%～30%(质量分数);该添加剂的制备步骤包括回流提取和与金属盐混合。该技术方案采用的复合添加剂为天然原料,无毒无害。新方案工艺流程简单,无须增加辅助设备。该添加剂能够选择性地降低卷烟主流烟气中的有害成分。[③]

广东中烟工业有限责任公司在专利 CN201210588883.3 中公

① 云南恩典科技产业发展有限公司.一种含有普洱茶提取物功能剂的香烟滤棒的制备方法:中国,CN201110304581.4[P].2013-06-26.

② 刘波.减害降焦烟用成形纸涂料:CN200610065876.X[P].2006-08-16.

③ 云南绅博源生物科技有限公司.一种卷烟纸添加剂及其应用:中国,CN201110250573.6[P].2012-11-28.

开了“一种复合草本植物的三元烟草纤维纸质滤棒及其制备方法”，该滤棒由滤芯和包裹滤芯的成形纸组成，滤芯包括两段烟草纤维纸质滤芯和设置于两段烟草纤维纸质滤芯之间的中药材滤芯，烟草纤维纸质滤芯由纸质纤维卷制而成，中药材滤芯由中药材颗粒压制而成。见图 5-47。该技术方案得到的纸质滤棒比醋酸纤维滤棒有更强的去除焦油和尼古丁的能力，原料来源于烟草或天然植物，消费者看到的滤棒的颜色与香烟烟丝一致，具有强烈的烟草天然材料质感，合理的中药材添加方案为卷烟的烟气增加了丰富的滋味，为滤棒技术领域指明了新的研究方向。[①]

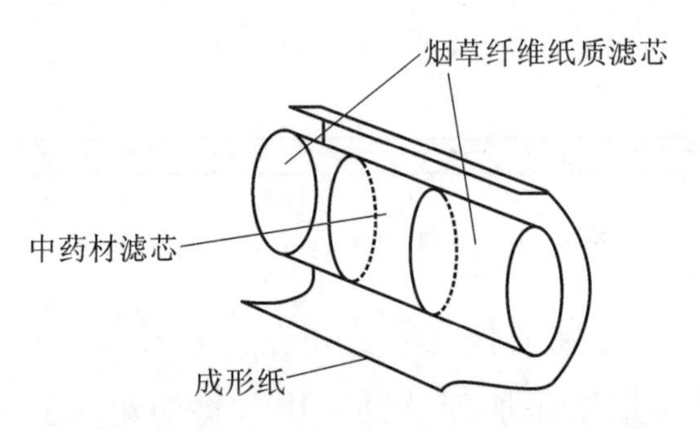

图 5-47 专利 CN201210588883.3 附图

5.2.2.4 木浆纤维与其他纤维复合降焦减害

高明奇等人将负载氧化石墨烯纤维均匀涂布到滤嘴棒压纹纸上，由于氧化石墨烯具有比表面积大、活性位点多、安全环保等特性，且可通过胶黏剂与植物纤维牢固结合，避免了吸食时负载的氧化石墨烯脱落，因此，其在纸上的留着率高且操作简单，可有效拓展纸-醋酸纤维复合滤嘴棒的实用性和安全性。[②]

湖南中烟工业有限责任公司在专利 CN201020501415.4 中公

---

① 广东中烟工业有限责任公司. 一种复合草本植物的三元烟草纤维纸质滤棒及其制备方法：中国，CN201210588883.3[P]. 2015-03-18.

② 高明奇，冯晓民，张展，等. 负载氧化石墨烯纤维素纸在滤棒中的应用研究[J]. 纸和造纸，2015，34(8)：54-57.

开了“一种降低卷烟烟气焦油释放量的复合纸嘴棒”，复合纸嘴棒由纸质嘴棒和起降焦减害作用的功能纤维素成形纸嘴棒复合而成。与烟丝段相连的一端为纸质嘴棒，起降焦减害作用的功能纤维素成形纸嘴棒与纸质嘴棒相连。该技术方案在有效降低卷烟烟气焦油的同时，还能较好地降低卷烟烟气中苯酚等其他有害成分的释放量。① 见图 5-48。

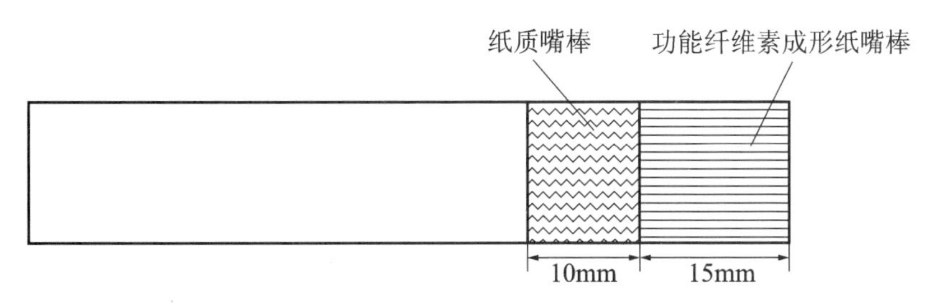

图 5-48 专利 CN201020501415.4 **附图**

5.2.2.5 结构优化提升截留效果

陕西浩合机械有限责任公司在专利 CN201710840624.8 中公开了一种“用于纤维纸的压花子母辊”，包括独立驱动且相向转动的母辊和配对的子辊，母辊和子辊的外圈有若干垂直于旋转轴线的三角槽，母辊的三角槽和子辊的三角槽凹凸配对，并保留容纳纸张的间隙，子辊和/或母辊的三角槽表面镶嵌有若干凸点。本发明中通过子母辊的压花装置，定量切断部分纵向和横向的纸张纤维，挤压定型生产的长纤维纸，代替现在香烟嘴棒使用的醋酸纤维，制作成的香烟嘴棒的吸阻性与原来相同，且对卷烟的有害物质吸附性增强，从而大大降低了卷烟对人体的伤害。② 见图 5-49。

英美烟草在专利 DE4118815 中公开了“一种香烟过滤嘴的生

① 湖南中烟工业有限责任公司. 一种降低卷烟烟气焦油释放量的复合纸嘴棒：中国，CN201020501415.4[P]. 2011-05-25.

② 陕西浩合机械有限责任公司. 用于纤维纸的压花子母辊：中国，CN201710840624.8[P]. 2020-09-04.

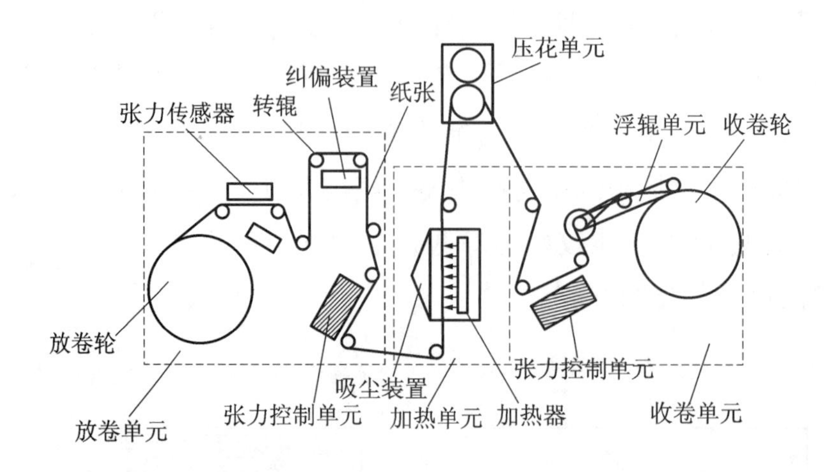

图 5-49 专利 201710840624.8 **附图**

产方法及用该方法生产的香烟过滤嘴”,香烟过滤嘴具有圆柱形轴向中空区域,在烟嘴侧的过滤材料和烟草侧的过滤材料之间有至少 1mm 的间隙,具有中空区的过滤段是不透气材料。烟嘴侧与烟草侧的过滤材料是醋酸纤维素,具有 2.0～8.0 旦尼尔的特定规格,总厚度为 25000～45000 旦尼尔,具有中空区过滤段的是醋酸纤维素。该过滤嘴通过涡流作用产生更好的颗粒截留效果和吸味。①

5.2.3 改善热塌陷技术方案研究

纸质滤棒的过滤材料是以单一的植物纤维制造的滤嘴棒填充纸,存在强度不佳的缺陷,容易产生热塌陷,从而影响抽吸体验。在改善热塌陷方面,主要从材料改进和结构优化两个方向开展研究。

① British American Tobacco (Germany) GmbH. Verfahren zur Herstellung eines Cigarettenfilters und nach diesem Verfahren hergestellter Cigarettenfilter: 德国, DE4118815 [P]. 1996-02-01.

5.2.3.1　改善热塌陷专利技术概览

改善热塌陷相关专利申请趋势如图 5-50 所示，专利申请量整体呈现增长趋势，各创新主体对该技术领域始终保持着一定的关注度。2018 年，专利年申请量达到峰值，但此后专利年申请量略有下降，该领域技术创新难度加大。

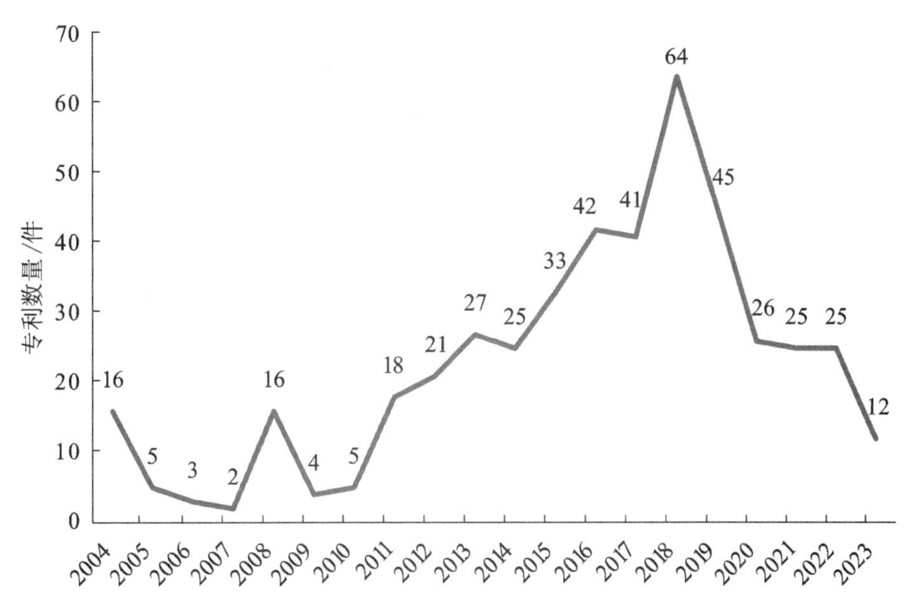

图 5-50　纸质滤棒改善热塌陷技术全球专利申请趋势图

全球专利申请量排名前十的创新主体中，国外企业占据八席，且排名前三的申请人均为国外企业。国外企业在该技术领域具有一定的技术优势，尤其是菲莫国际，以 160 件专利遥遥领先于其他企业。进入排名榜的其他国外企业分别为塞拉尼斯、雷诺烟草、英美烟草、益升华、大赛璐、日本烟草、罗迪阿阿克土，专利数量相对较为均衡。国内本土企业云南中烟和湖南中烟跻身排名榜中，分别位居第 6 位和第 9 位。见图 5-51。

5.2.3.2　材料改进技术方案研究

中轻特种纤维材料有限公司与中国制浆造纸研究院有限公司在专利 CN202011330906.1 中公开了“一种含有纳米纤维素的卷

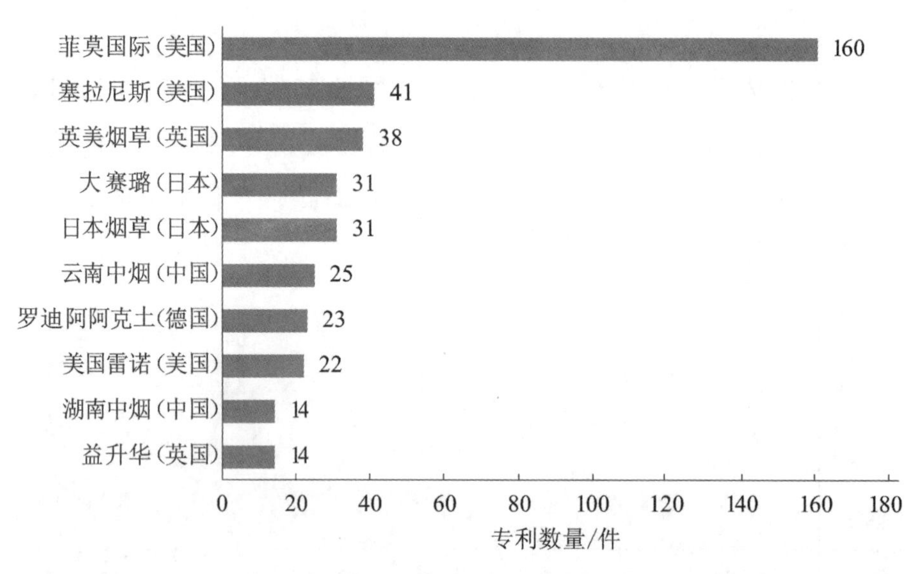

图 5-51　纸质滤棒改善热塌陷技术全球前十名专利申请人排名

烟滤嘴棒填充纸及其制备方法”,该卷烟滤嘴棒填充纸的制备原料包括纤维原料和助剂。纤维原料各组分如下:醋酸纤维 47.5～85 份、纳米纤维素 0.01～30 份;助剂的质量为纤维原料质量的 0.001%～0.5%。该技术方案在卷烟滤嘴棒填充纸中添加纳米纤维素,能够明显改善卷烟滤嘴棒填充纸掉毛掉粉情况,且纸张柔软度明显提升,有效地解决了 CAPF 在抽吸过程中易发生的“热塌陷”问题,且减少了“纸味”。①

云南瑞升烟草技术(集团)有限公司与南通烟滤嘴有限责任公司在专利 CN201110183858.2 中公开了一种“添加了吸附性填充材料的醋酸纤维纸在纸质滤棒中的应用”,可以让烟气在滤嘴的流动过程中与吸附性填充材料充分接触,由此实现吸附性填充材料对烟气中焦油、烟碱等有害成分的捕捉,提升这种纸质滤材的过滤效果。用这种添加了吸附性填充材料的醋酸纤维纸质滤材制成的

① 中国制浆造纸研究院有限公司、中轻特种纤维材料有限公司.一种含有纳米纤维素的卷烟滤嘴棒填充纸及其制备方法:中国,CN202011330906.1[P].2022-12-27.

卷烟滤嘴，对烟气中的固体粒相物、焦油、尼古丁和其他的有害成分有非常显著的吸附作用，可以大大降低人们对卷烟烟气中有害成分的吸入量，提高卷烟的安全性，且将植物蛋白纤维加入植物浆中，并与醋酸纤维混合抄造，有效地解决了纸质滤棒在抽吸过程中的“热塌陷”问题。[①]

常州思宇环保科技有限公司在专利 CN201710510040.4 中公开了“一种纸质滤棒的制备方法”，将稻壳、椰子壳、油茶果壳、珍珠岩粉碎过筛后炭化、挤出成棒，制得第一段滤芯，随后将月桂叶和薄荷叶粉碎过筛后挤出成棒，制得第二段滤芯，将丝瓜络粉碎挤出成棒，作为第三段滤芯，再将纤维打浆后与纳米二氧化钛、石墨混合抄制成纤维纸质基材，经辊压、卷制、切段，制得第四段滤芯。最后将第一段滤芯、第二段滤芯、第三段滤芯和第四段滤芯依次拼接，即可制得纸质滤棒。该技术方案制得的纸质滤棒具有体积稳定性好、不易发生热塌陷、吸阻小的特点，有效改善了香烟抽吸品质。[②]

华南理工大学在专利 CN202010013651.X 中公开了“一种降温过滤材料及其制备方法与应用”，通过将植物纤维分散液与 PLA 纤维分散液混合均匀后进行抄造，然后压光，得到降温过滤材料。该技术方案制备的降温过滤材料充分利用植物纤维良好的耐折性能、耐高温性能，为复合材料提供支撑，改善聚乳酸薄膜在折叠卷制过程中的断裂问题，以及聚乳酸作为降温材料吸热后收缩塌陷而堵住烟气通道的问题；采用的植物纤维的吸附截留作用产生的过滤效果，更适用于烟气产生量更小的加热不燃烧卷烟，有利于提升烟气的香味饱和度，提升抽吸体验；将降温段与过滤段合并为一

① 云南瑞升烟草技术(集团)有限公司、南通烟滤嘴有限责任公司. 添加了吸附性填充材料的醋酸纤维纸在纸质滤棒中的应用：中国，CN201110183858.2[P]. 2011-11-23.

② 常州思宇环保材料科技有限公司. 一种纸质滤棒的制备方法：中国，CN201710510040.4[P]. 2017-11-07.

段,具有更好的降温效果,同时,降低了生产成本,简化了生产工艺。[①] 见图 5-52。

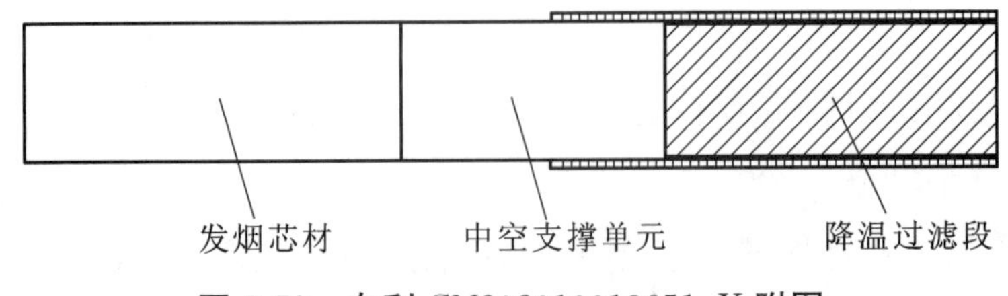

图 5-52 专利 CN202010013651. X **附图**

云南中烟工业有限责任公司在专利 CN202311215364. 7 中公开了“一种含烟梗纤维滤棒材料的制备方法及应用”,通过处理烟梗、处理麻浆纤维、将烟梗浆料和麻浆浆料混合均匀后,加入 pH 调节剂、烷基烯酮二聚体和阳离子分散松香胶得到混合浆料,将混合浆料抄造成型烘干后进行胶乳涂布,涂布量为 0.5～2g/m^2,涂布烘干后,得到含烟梗纤维纸质滤材。通过该方法制备的烟梗纤维纸质滤材提高了抗水性,有效解决了传统纸质滤棒应用于卷烟时存在的热塌陷、烟气发干、刺激性较大等缺点,提升了纸质滤棒的品质。[②]

5.2.3.3 结构优化技术方案研究

四川锦丰纸业股份有限公司与云南养瑞科技集团有限公司在专利 CN201611162359. 4 中公开了“一种瓦楞片材制成的纸质滤棒”,该瓦楞片材由瓦楞层和平张层组成,瓦楞层具有优异的支撑作用,使得瓦楞片材经卷取后得到的滤棒在使用时,不易产生吸湿、吸热后塌陷的问题,实际使用效果佳;另外,瓦楞结构产生的气流通道相对较大,降低了滤棒的吸阻,使用者的满足感更佳[③]。见图 5-53。

---

① 华南理工大学. 一种降温过滤材料及其制备方法与应用:中国,CN202010013651. X[P]. 2020-05-15.

② 云南中烟工业有限责任公司. 一种含烟梗纤维滤棒材料的制备方法及应用:中国,CN202311215364. 7[P]. 2023-11-10.

③ 四川锦丰纸业股份有限公司,云南养瑞科技集团有限公司. 一种瓦楞片材制成的纸质滤棒:中国,CN201611162359. 4[P]. 2017-03-15.

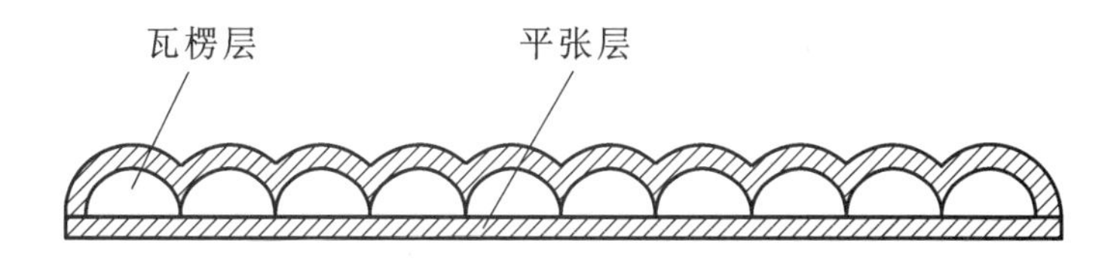

图 5-53 专利 CN201611162359.4 **附图**

湖北中烟工业有限责任公司在专利 CN201820811981.1 中公开了“一种同心圆结构的低温卷烟降温嘴棒”，包括由中空棒、同心圆棒、醋酸纤维棒依次复合而成的复合滤芯及包裹在复合滤芯外层的成形纸，同心圆棒包括外圆醋酸纤维和内圆聚乳酸，两者按同心圆棒成型方式制备。该技术方案可保持烟气通道的顺畅，提升降温效果，同时具有防止热塌陷的效果。[①] 见图 5-54。

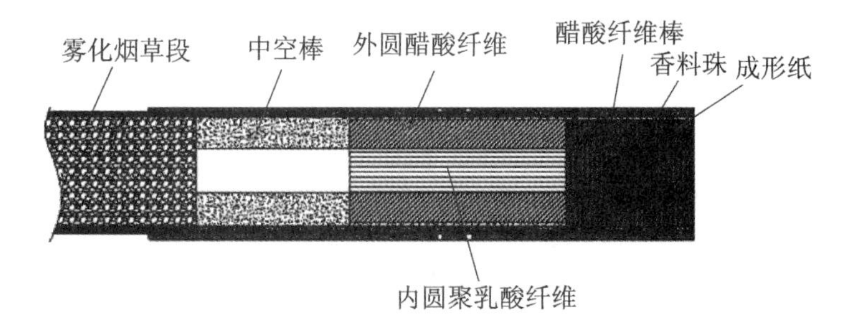

图 5-54 专利 CN201820811981.1 **附图**

江苏大亚滤嘴材料有限公司在专利 CN201520354765.5 中公开了一种“三元复合卷烟滤棒”，包括防伪段、醋炭段和非织造布复合段，其具有相同的圆周，经成形纸包裹后形成三元复合卷烟滤棒，其中防伪段包含普通丝束和变色丝束，变色丝束处于滤棒中间，被普通丝束包裹，这使得变色丝束在抽吸端面形成变色区，抽吸后变色丝束发生颜色变化，非织造布复合段包含木浆非织造布

① 湖北中烟工业有限责任公司.一种同心圆结构的低温卷烟降温嘴棒：中国，CN201820811981.1[P].2019-03-15.

和施加在木浆非织造布中的吸附剂和添加剂,醋炭段包括由活性炭纤维层卷成的炭芯和其外侧的醋酸纤维丝束。该技术方案公开的三元复合卷烟滤棒成型工艺简单,具有真假易辩的防伪功能,提高了卷烟的吸附过滤效率,满足各类消费者对不同抽吸口感的要求,抽吸时不会出现热塌陷和爆口等现象。[①] 见图 5-55。

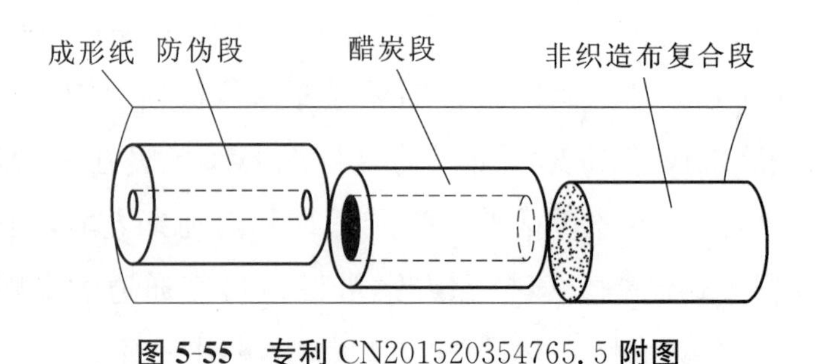

图 5-55 专利 CN201520354765.5 **附图**

5.3 含纤维素材料的烟草产品介绍

除了烟草行业常用的醋酸纤维滤棒、聚丙烯纤维滤棒、纸质滤棒,制造商通过大胆尝试新的滤棒材料,不断寻找新机遇。根据公开信息,植物纤维、Lyocell 纤维、碳纤维、聚乳酸纤维等新型材料在烟草产品上均得到了很好的应用,尤其是植物纤维材料,纯天然植物纤维、全烟丝纤维、天然竹纤维、玉米纤维等材料均已运用到烟草产品上。

含纤维素材料的烟草产品如表 5-2 所示。

① 江苏大亚滤嘴材料有限公司. 三元复合卷烟滤棒:中国,CN201520354765.5[P]. 2016-02-17.

表 5-2　不同类型纤维素材料代表性烟草产品信息一览表

滤材类型	烟草产品名称	滤棒材料介绍
醋酸纤维	真龙(海韵)香烟	活性炭醋纤嘴棒，对烟气实施“三重过滤”
	阿里山(软景泰典蓝)香烟	醋酸纤维和天然竹浆
	双喜(国喜)香烟	二元复合滤棒，醋酸纤维和中空滤棒
	中华(软)香烟	醋酸纤维
	玉溪(硬和谐)香烟	醋酸纤维
	红塔山(硬人为峰)香烟	醋酸纤维
	小熊猫(软精品)香烟	醋酸纤维
	牡丹(软蓝)香烟	醋酸纤维
	古田(软 1929)香烟	醋酸纤维
	利群(夜西湖)香烟	单一醋酸纤维
	兰州(硬精品)香烟	单一醋酸纤维
纸质滤棒	利群(软红长嘴)香烟	木浆纤维
	七匹狼(银中支)香烟	木浆和植物纤维制成的纸质滤嘴
	鸭绿江(硬金)香烟	纸质滤棒
	玉溪(和谐)香烟	二元复合炭纸过滤嘴
	真龙(起源)香烟	高级纸质过滤嘴
	钻石(1902 中支)香烟	高品质的纤维纸和烟草纤维
植物纤维	白沙(硬新精品二代)香烟	天然植物纤维和活性炭双层滤嘴
	长白山(归心)香烟	天然植物纤维和活性炭
	黄鹤楼(硬珍品)香烟	玉米纤维活性炭
	芙蓉王(硬蓝)香烟	采用双层滤嘴，在普通滤嘴的基础上增加了一层由天然植物纤维制成的“水晶滤嘴”
	双喜(花悦)香烟	双重仿生滤嘴，仿生植物纤维

续表 5-2

滤材类型	烟草产品名称	滤棒材料介绍
	黄山(红方印)香烟	天然植物纤维
	黄山(徽商新概念双中支)香烟	天然植物纤维
	紫气东来(祥瑞)香烟	天然植物纤维
	钻石(软荷花)香烟	天然植物纤维
	长白山(777)香烟	天然植物纤维
	双喜(软红五叶神)香烟	纯天然植物纤维
	魅影香烟	全烟丝纤维
	合旺过滤烟嘴	天然竹纤维
Lyocell 纤维	双喜(硬金典 1906)香烟	Lyocell 纤维
碳纤维	真龙香烟	高温烧制炭化的竹炭纤维
	钻石香烟	碳纤维
	长白山(人参参缘)香烟	炭素
碳过滤材料	天子(重庆红)香烟	双层滤嘴,内层为活性炭滤嘴,外层为纤维素滤嘴
	红塔山(铂金白)香烟	二元碳过滤嘴,添加活性炭
	林海灵芝(硬红)香烟	二元碳过滤嘴,添加活性炭
	中南海(软精华)香烟	二元碳过滤嘴,添加活性炭
	好日子(硬金樽)香烟	二元碳过滤嘴,添加活性炭
	都宝(8mg)香烟	二元碳过滤嘴,添加活性炭
过滤棉	钻石(尚风可可细支)香烟	高级硅藻土过滤棉,有效过滤烟草中的有害物质
	芙蓉王(硬细支)香烟	棉纤维和活性炭
	人民大会堂(硬红)香烟	高纯度滤嘴棉

续表 5-2

滤材类型	烟草产品名称	滤棒材料介绍
	三沙细支(典雅方)香烟	高纳滤棉材质
	黄鹤楼(视窗细支)香烟	滤棉
	双喜(莲香)香烟	滤棉
聚丙烯纤维	云烟(细支云龙)香烟	聚丙烯纤维
聚乳酸纤维	Soyee 小叶电子烟	聚乳酸(PLA)滤嘴
其他	南京(雨花石)香烟	硅藻土复合滤嘴

6 新形势下的竞争挑战及创新发展工作建议

6.1 从“新”出发，应对新挑战新机遇

全球“降焦令”和“限塑及降塑令”对滤棒性能和材料提出了更高要求和挑战，但也给新型滤棒带来机遇。

美国、欧盟、日本、韩国、澳大利亚、海湾国家等国家或地区均对卷烟焦油量进行了强行限定，中国也出台了“降焦减害”系列政策。在全球“降焦令”的背景下，市场对滤棒性能的要求越来越高。此外，由于二醋酸纤维素制作的卷烟滤嘴降解速度较慢，被定义为“一次性塑料制品”，“限塑及降塑令”等环保政策也对滤棒材料提出了新的挑战。

烟用纤维素丝束和滤棒在中国市场均属于生产交易受严格管控的产品，国内出台了系列政策法规加强纤维素丝束和滤棒的生产交易管控。《国家烟草专卖局关于卷烟纸和滤棒及烟用丝束生产企业许可证审批有关事项的通知》就明确了烟用二醋酸纤维素及丝束项目需经国家烟草专卖局核准，并且严格控制卷烟纸、烟用醋酸纤维滤棒市场准入，除确有重大技术创新，填补国内空白，拥有国际领先的生产技术、生产工艺，产品具有明显的经济技术优势的，原则上不再新办从事卷烟纸、烟用醋酸纤维滤棒生产及委托加工的烟草专卖许可证。国内市场在审批上提高了传统滤棒的准入门槛，但同时也给具有重大技术创新的新型滤棒带来了更多机会。

国外市场均呈现比较明显的寡头垄断格局，国内市场以本土

竞争为主，技术集中度较高。

国内外烟草行业呈现明显的寡头垄断格局，菲莫国际、英美烟草、日本烟草和帝国烟草四大跨国烟草公司垄断了全球除中国以外约70%的卷烟市场，中国市场则形成了中烟一家独大的格局。滤棒领域除各大卷烟企业的滤棒车间外，国内外涌现出一批专业的滤棒生产企业。国外以益升华、大赛璐、伊斯曼化工、塞拉尼斯、菲利根、三菱丽阳等企业为代表，其中益升华创新活力较高；国内以南通烟滤嘴有限责任公司、南通醋酸纤维有限公司、蚌埠卷烟材料厂、芜湖卷烟材料厂、牡丹江卷烟材料厂、滁州卷烟材料有限公司、四川三联新材料有限公司、珠海醋酸纤维有限公司、江苏大亚滤嘴材料有限公司等为代表。

纤维素滤棒国际市场上，日美欧的专利集中度较高，主要来自菲莫国际、英美烟草、雷诺烟草、日本烟草等老牌烟草公司，市场趋于稳定和成熟，市场壁垒和技术壁垒高筑。土耳其、印尼、波兰、印度、西班牙、澳大利亚和意大利等国家2022年度烟草销售额同比增长率较高，是处于发展中的新兴烟草市场，并且上述市场的专利技术主要来自英美烟草、菲莫国际、日本烟草、里滋麻烟草等非本土企业，属于技术竞争市场，具有更多的市场空间和创新空间。

纤维素滤棒国内市场上，各省市的中烟企业为主要技术产出者，以云南中烟、湖北中烟、湖南中烟、河南中烟表现最为突出。此外，卷烟材料或滤棒生产企业在本领域亦表现不俗，以南通烟滤嘴、牡丹江卷烟材料、江苏大亚滤嘴材料、滁州卷烟材料、云南瑞升烟草、南通醋酸纤维为代表。

6.2　创新驱动，打造核心竞争力

随着消费者对健康及环境保护的关注日益增强，对卷烟的要求越来越高。如何使卷烟有害成分显著降低，且抽吸后的废弃物滤嘴快速降解，同时又保持卷烟吸味，是卷烟设计面临的最大挑战，其中滤棒材料的创新成为关键。

市场上用到的滤棒主要有纸质滤棒、醋酸纤维滤棒、聚丙烯纤维滤棒、活性炭纤维滤棒等。在提升截留效果、防止热塌陷和去除纸味方面，对现有滤棒材料进行改性是最主要的手段。

(1)纸质滤材创新方向

提升截留效果方面，创新方向包括：

①在木浆纤维中加入添加剂降焦减害，例如加入金属螯合物、海泡石、菊花提取物与金属盐的混合材料，涂布聚乙烯醇树脂液、电气石粉、水溶性贵金属盐等材料，涂布树脂液、中草药萃取液、吸附材料，涂覆金属络合材料；

②在木浆纤维中添加植物提取物降低自由基，例如茶叶纸(茶叶末与木浆纤维混合)、普洱茶提取物等；

③木浆纤维与其他纤维复合降焦减害，例如醋酸纤维素的纤维纸(CAP 原纸)及醋酸纤维素纤维纸滤棒(CAPF 滤棒)、麻类纤维的纸质滤棒、植物颗粒纸质-醋酸纤维滤棒、活性炭纤维纸(ACFP)、LyOcell 纤维素纤维与木浆纤维组合、纸-功能性纤维(具有降焦减害的功能性涂料)复合滤棒、负载氧化石墨烯纤维的纸-醋酸纤维复合滤棒等；

④结构优化，例如，多层干法膨化纸滤棒、预压纹纸质滤棒等。

去除纸味方面，创新方向包括：

①添加植物提取物，例如，铁观音提取物、分子囊化薄荷脑、薄荷颗粒、天然植物提取物(罗汉果、菊花、金银花、淡竹叶、胖大海和柠檬)、中草药成分(款冬花、紫苑、荆芥、桔梗、芦根、矮地茶、百部、白前、薄荷、甘草)等；

②加入添加剂，例如甘草酸钾；

③木浆纤维与其他纤维复合，例如木浆纤维与特种功能纤维复合、含竹类纤维和罗布麻纤维的纸质滤棒、配浆阶段添加烟草纤维和长纤维、弱极性化学纤维(聚乙烯纤维、聚丙烯纤维、聚苯乙烯纤维和聚醋酸纤维等)与木浆纤维和麻浆纤维复合、醋酸纤维与木浆纤维复合、聚酯纤维与木浆纤维复合等。

防止热塌陷方面，创新方向包括：

①与其他纤维复合，例如添加纳米纤维素、植物蛋白纤维、植物浆与醋酸纤维、烟梗纤维等；

②含有稻壳、椰子壳、油茶果壳、珍珠岩的第一段滤芯，含有月桂叶和薄荷叶粉的第二段滤芯，含有丝瓜络的第三段滤芯，含有纤维与纳米二氧化钛、石墨的第四段滤芯的复合滤棒；

③结构优化，例如瓦楞片材纸质滤棒。

(2)醋酸纤维滤材创新方向

醋酸纤维滤材的主要改进在于提升截留效果，尤其是降焦减害。创新方向包括：

①化学改性，例如在滤材表面引入氨基、羟基等化学基团以及涂覆化学物质，经胺类化合物官能化的二醋酸纤维，采用吡咯烷酮羧酸钠、壳聚糖-g-β-环糊精等改性醋酸纤维丝束，利用生物活性材料过氧化氢酶和谷胱甘肽改性，采用海藻酸钠涂覆改性等；

②加入添加剂，例如添加活性炭、纳米 Au 催化剂、改性分子筛、凹凸棒石、矿物质、SRM 溶液、动物细胞中提取的血红蛋白和血红素、DNA 溶液、壳聚糖、维生素 C 和 E、纳米 $Al_2O_3/TiO_2/SiO_2$、中草药等；

③与其他材料复合，例如醋酸纤维素与淀粉或改性淀粉、纤维素或改性纤维素复合；

④结构优化，例如，利用等离子刻蚀技术处理醋酸纤维以产生孔隙、采用醋酸纤维无纺布制备滤棒。

(3)新型滤材创新方向

在增强过滤性能和提升可降解性方面,研究者们对新型滤材也进行了探索,例如植入牛奶蛋白纤维、聚乙烯醇纤维和海藻纤维的中线滤棒、玉米纤维滤棒、聚乳酸纤维滤棒、黄麻纤维滤棒等。其中,聚乳酸纤维的物理、化学性能与醋酸纤维相似,同时具有低成本、高降解率、化学稳定性好等优点,成为最具潜力的替代材料之一。

聚乳酸纤维创新方向包括:

①将聚乳酸纤维与醋酸纤维混合作为过滤材料,提升滤棒滤材的降解性能,改进滤嘴的压降和硬度;

②将聚乳酸纤维单独作为滤材,实现滤棒滤材的可降解;

③将聚乳酸纤维段与其他纤维段组成复合结构滤棒;

④将聚乳酸制备为多孔材料,保证抽吸风味;

⑤将聚乳酸纤维作为冷却材料,降低烟气温度,提升抽吸口感。

6.3 精益管理,实现高质量发展

创新是引领发展的第一动力,保护知识产权就是保护创新。目前,菲莫国际、英美烟草、日本烟草、雷诺烟草等国际烟草巨头不仅垄断了全球除中国外的卷烟市场,在专利技术层面也是不断发力,专利布局数量多、区域广,是美国、日本、韩国、加拿大、澳大利亚、俄罗斯、西班牙等国外市场的主要技术来源,呈现创新链和产业链协同发展趋势。

我国由于对烟草行业实行垄断性经营,市场准入制度严格,国外烟草品牌极少进入,市场上形成了中烟一家独大的格局。但在纤维素材料方面,除了各省市中烟企业外,烟草材料或滤棒生产企业亦表现亮眼，持续进行创新和布局。值得注意的是，菲莫国际在纤维素滤材领域有大量专利技术进入中国市场，专利申请数量位居国内市场第五位，并且尚有50余件专利处于有效维持状态或审中阶段。

国际市场由于受到烟草巨头垄断影响，专利布局也应与市场规划相契合，实现区域精益布局。日美欧虽然为重点和热门市场，但专利集中度高，呈现寡头垄断格局，进入技术门槛较高，专利技术进入前需充分考虑到产品市场规划。土耳其、印尼、波兰、印度、西班牙、澳大利亚和意大利等市场增势明显，且专利布局空间相对较大，可结合产品市场规划优先进行专利布局。

国内市场呈现烟草企业和滤棒生产厂商协同发展的格局。目前，对于纤维素滤材的研究聚焦在材料改性和新型滤材探索两大方向。根据国内市场纤维素丝束和滤棒的生产交易管控制度，鼓励开发和生产具有重大技术创新、填补国内空白、拥有国际领先水平的生产技术，具有明显的经济技术优势的滤棒产品。因此，在技术布局方面，聚焦降焦减害、可降解等行业共性问题，优先布局改性效果突出的纸质滤材、醋酸纤维滤材，以及聚乳酸纤维、植物纤维、碳纤维等新型滤材，与国内市场准入制度和市场、技术发展趋势相结合布局专利，推动产业高质量发展。

附录　纤维素材料在滤棒领域应用代表专利

表 1　醋酸纤维在滤棒领域的应用代表专利信息一览表

序号	公开(公告)号	标题	当前申请(专利权)人	申请日	授权日	法律状态
1	US3101723A	Fibrous cigarette filter	PHILIP MORRIS INCORPORATED	1960-11-15	1963-08-27	失效
2	DE1517314C3	Filter für Tabakrauch	PHILIP MORRIS INC.	1965-05-11	1974-05-22	失效
3	US5622190A	Concentric smoking filter having cellulose acetate tow periphery and carbon-particle-loaded web filter core	PHILIP MORRIS INCORPORATED | PHILIP MORRIS PRODUCTS INC.	1994-11-15	1997-04-22	失效
4	CN1328422A	卷烟过滤嘴	菲利普莫里斯生产公司	1999-10-29	—	失效
5	GB932570A	Improvements relating to tobacco smoke filters	BRITISH-AMERICAN TOBACCO COMPANY LIMITED	1960-11-17	1963-07-31	失效
6	GB1358622A	Tobacco smoke filters	BRITISH-AMERICAN TOBACCO CO LTD	1972-04-27	1974-07-03	失效
7	GB2058543B	Smoke filtration	BRITISH-AMERICAN TOBACCO CO LTD	1980-08-08	1983-05-11	失效

续表 1

序号	公开(公告)号	标题	当前申请(专利权)人	申请日	授权日	法律状态
8	DE3817889A1	Verfahren zum Herstellen von Tabakrauchfiltern	BRITISH-AMERICAN TOBACCO CO. LTD.	1988-05-26	—	失效
9	CN101754696B	过滤嘴	英美烟草(投资)有限公司	2008-06-27	2012-09-05	有效
10	CN101547618A	烟草烟雾过滤嘴及其制造方法	英美烟草(投资)有限公司	2007-11-22	—	失效
11	CN104130354A	一种阳离子聚合物改性醋酸纤维素的制备方法及其应用	云南中烟工业有限责任公司	2014-07-18	—	失效
12	CN105029695B	一种采用高能电子束改性烟用醋酸纤维素滤棒的方法	云南中烟工业有限责任公司	2015-06-10	2018-11-13	有效
13	CN104188106A	一种高截留效率的卷烟滤嘴及应用	云南中烟工业有限责任公司	2014-08-28	—	失效
14	CN105707980B	一种醋酸纤维素开孔微孔发泡材料滤嘴香料棒的制备方法	云南中烟工业有限责任公司	2016-03-08	2020-02-04	有效
15	CN115568624A	一种复合滤棒的卷烟结构	云南中烟工业有限责任公司	2022-11-29	—	审中
16	CN2785383Y	三元复合滤棒	南通烟滤咀实验工厂	2005-04-05	2006-06-07	失效
17	CN102247013A	低醋化天然纤维滤棒的制备方法	云南瑞升烟草技术(集团)有限公司、南通烟滤嘴有限责任公司	2011-07-02	—	失效
18	CN216961485U	一种具有中空结构的醋纤滤棒及加热卷烟	南通金源新材料有限公司、南通烟滤嘴有限责任公司	2022-03-10	2022-07-15	有效
19	CN101032347A	填充材料含醋酸纤维纸的卷烟用滤嘴棒的制造技术	南通烟滤嘴有限责任公司、中国制浆造纸研究院	2007-04-27	—	失效

续表 1

序号	公开(公告)号	标题	当前申请(专利权)人	申请日	授权日	法律状态
20	CN102334751B	烟用纸芯滤棒及其制造方法	南通烟滤嘴有限责任公司	2010-07-28	2013-07-31	有效
21	CN102302218A	烟用 CAPF 滤棒的制造工艺	南通烟滤嘴有限责任公司	2011-08-12	—	失效

表 2 碳纤维在滤棒领域的应用代表专利信息一览表

序号	公开(公告)号	标题	当前申请(专利权)人	申请日	授权日	法律状态
1	DE69411288T2	Konzentrischer Rauchfilter mit einem Aussenmantel aus einem Zelluloseazetatstrang und mit einem Kern aus einer Aktivkohle enthaltenden Filterbahn	PHILIP MORRIS PRODUCTS INC.	1994-01-06	1999-02-25	失效
2	CN100393254C	活性碳纤维卷烟过滤嘴	菲利普莫里斯生产公司	2003-04-11	2008-06-11	失效
3	PH12007501551B1	Cigarette and filter with cellulosic flavor addition	PHILIP MORRIS PRODUCTS S. A.	2006-02-03	2012-10-09	有效
4	CN104349686B	具有同心过滤嘴的发烟制品	菲利普莫里斯生产公司	2013-05-29	2018-11-23	有效
5	CN106061296B	用于吸烟制品的活性炭	菲利普莫里斯生产公司	2014-12-23	2019-12-17	有效
6	CN1054271C	带有过滤元件的香烟制品	英美烟草公司	1993-07-03	2000-07-12	失效
7	CN100379364C	烟制品及其用途	英美烟草(投资)有限公司	2002-12-11	2008-04-09	失效
8	CN102892314A	用于吸烟物品的棒以及用于制造该棒的方法和装置	英美烟草(投资)有限公司	2010-02-23	—	有效

续表 2

序号	公开(公告)号	标题	当前申请(专利权)人	申请日	授权日	法律状态
9	CN104270972A	吸烟制品过滤嘴的改进	英美烟草(投资)有限公司	2013-05-02	—	失效
10	CN1142727C	一种用于制造香烟过滤嘴的过滤材料及其制备方法	里姆斯马卷烟厂股份有限公司	1997-02-13	2004-03-24	失效
11	CN1130136C	减少气相的香烟	里姆斯马卷烟厂股份有限公司	1997-11-13	2003-12-10	失效
12	CN1135942C	一种透气过滤嘴香烟	里姆斯马卷烟厂股份有限公司	2000-03-01	2004-01-28	失效
13	JP6889256B2	喫煙品用のフィルタ要素	レームツマ・シガレッテンファブリケン・ゲーエムベーハー	2017-09-18	2021-05-24	有效
14	CN105768209A	一种可降低烟气温度和提高吸味的新型卷烟	湖北中烟工业有限责任公司	2016-04-20	—	失效
15	CN209359656U	降低烟气温度和提升烟香的卷烟嘴棒及含有该嘴棒的卷烟	湖北中烟工业有限责任公司	2018-12-19	2019-09-10	有效
16	CN102334751B	烟用纸芯滤棒及其制造方法	南通烟滤嘴有限责任公司	2010-07-28	2013-07-31	有效
17	CN202722488U	碳纤维同轴芯滤棒	南通烟滤嘴有限责任公司	2012-07-30	2013-02-13	失效
18	CN103767069B	烟用皱纸丝复合滤棒及其滤嘴	南通烟滤嘴有限责任公司	2014-01-29	2015-09-23	有效
19	CN105876855A	含可自溶胶囊的滤棒及其滤嘴	南通烟滤嘴有限责任公司	2016-07-06	—	失效

表 3　聚乳酸纤维在滤棒领域的应用代表专利信息一览表

序号	公开(公告)号	标题	当前申请(专利权)人	申请日	授权日	法律状态
1	CN104203015A	具有气溶胶冷却元件的气溶胶生成物品	菲利普莫里斯生产公司	2012-12-28	—	有效
2	CN104270970A	具有可生物降解的香味产生部件的气雾产生制品	菲利普莫里斯生产公司	2012-12-28	—	有效
3	CN105792684B	包括可降解过滤嘴部件的吸烟制品过滤嘴	菲利普莫里斯生产公司	2014-12-22	2019-11-05	有效
4	CN110392533B	被配置成收纳插入单元的吸烟制品衔嘴	菲利普莫里斯生产公司	2018-03-29	2022-04-08	有效
5	CN111801026A	具有有孔的多孔支撑元件的吸入器	菲利普莫里斯生产公司	2019-03-21	—	审中
6	CN102811632A	含添加剂的片材滤料	英美烟草(投资)有限公司	2010-12-21	—	失效
7	CN104270971A	吸烟制品过滤嘴的改进	英美烟草(投资)有限公司	2013-05-02	—	失效
8	CN104507337A	用于吸烟制品的过滤器	英美烟草(投资)有限公司	2013-05-24	—	失效
9	CN105916394A	过滤材料和由其制成的过滤器	英美烟草(投资)有限公司	2015-01-21	—	失效
10	CN104188106A	一种高截留效率的卷烟滤嘴及应用	云南中烟工业有限责任公司	2014-08-28	—	失效
11	CN204707984U	一种三元复合嘴棒	云南中烟工业有限责任公司	2015-06-25	2015-10-21	有效
12	CN115606841A	一种聚乳酸纤维滤棒卷烟结构及其制备方法	云南中烟工业有限责任公司	2022-11-29	—	审中
13	CN116035259A	一种聚乳酸纤维中空滤棒的制备方法	云南中烟工业有限责任公司	2023-02-24	—	审中

续表 3

序号	公开(公告)号	标题	当前申请(专利权)人	申请日	授权日	法律状态
14	CN105795518B	过滤烟嘴用复合醋酸纤维非织造材料及其加工方法	南通醋酸纤维有限公司	2016-03-30	2019-09-27	有效
15	CN110616505A	可用于卷烟滤嘴的复合醋酸纤维非织造材料、制备方法及应用	南通醋酸纤维有限公司、珠海醋酸纤维有限公司、昆明醋酸纤维有限公司	2019-10-15	—	审中
16	CN110720664B	一种气溶胶生成结构、制备方法及应用	南通醋酸纤维有限公司、珠海醋酸纤维有限公司、昆明醋酸纤维有限公司	2019-10-15	2021-11-05	有效
17	CN114468352A	一种加香嘴棒材料、以其制备嘴棒的方法及复合嘴棒结构	南通醋酸纤维有限公司、珠海醋酸纤维有限公司、昆明醋酸纤维有限公司	2021-12-30	—	审中

表 4 Lyocell 纤维在滤棒领域的应用代表专利信息一览表

序号	公开(公告)号	标题	当前申请(专利权)人	申请日	授权日	法律状态
1	CN108779609B	改进的用于香烟滤嘴的滤纸	德尔福特集团有限公司	2017-01-24	2021-11-16	有效
2	CN116133538A	用于吸烟制品的褶皱的过滤材料	德尔福特集团有限公司	2021-07-22	—	审中
3	CN104411189A	用于吸烟制品的可降解型过滤嘴	菲利普莫里斯生产公司	2013-07-11	—	失效
4	CN105792684B	包括可降解过滤嘴部件的吸烟制品过滤嘴	菲利普莫里斯生产公司	2014-12-22	2019-11-05	有效
5	CN113180290A	一种复合滤棒及制备方法	河南中烟工业有限责任公司	2021-04-26	—	审中
6	CN107334180A	一种用于吸附卷烟烟气中苯并芘的滤嘴	滁州卷烟材料厂	2017-07-25	—	失效

表5 纸质滤棒去除纸味代表专利信息一览表

序号	公开(公告)号	标题	当前申请(专利权)人	申请日	授权日	法律状态
1	CN102240070B	一种能提高卷烟抽吸品质的滤棒成形纸及其制备方法	红云红河烟草(集团)有限责任公司	2011-06-30	2013-08-21	有效
2	CN102433793B	一种滤棒成形纸的增香方法	广东中烟工业有限责任公司、云南瑞烟草技术(集团)有限公司	2011-10-20	2014-07-02	有效
3	CN202030987U	卷烟滤棒用纸及卷烟滤棒	吉林烟草工业有限责任公司、云南正邦生物技术有限公司	2010-12-27	2011-11-09	失效
4	CN1356430A	各种风味风格卷烟水松纸及其制造方法	武汉卷烟厂	2000-12-04	—	失效
5	CN102174773B	一种掩盖改良深色接装纸异味的香料添加剂	陕西中烟工业有限责任公司	2010-12-30	2014-06-04	有效
6	CN101666062A	一种添加中草药添加剂的水松纸及其制备方法	红塔烟草(集团)有限责任公司	2008-09-04	—	失效
7	CN101781866B	一种薄荷烟用卷烟纸及其制备方法	广东中烟工业有限责任公司	2010-01-22	2012-01-11	有效
8	CN101736654B	一种含中草药成分的卷烟纸质滤材制备和应用	湖南中烟工业有限责任公司	2009-12-08	2011-06-01	有效
9	CN101736650A	一种多功能卷烟纸及其制备方法	红塔烟草(集团)有限责任公司	2008-11-21	—	失效
10	CN102273732B	一种弱极性卷烟纸质滤材及其制备和应用方法	湖南中烟工业有限责任公司	2011-06-03	2013-04-10	有效
11	CN110700015A	一种纸质过滤材料及其制备方法与应用	上海洁晟环保科技有限公司	2019-10-16	—	失效

续表 5

序号	公开(公告)号	标题	当前申请(专利权)人	申请日	授权日	法律状态
12	CN112458797B	一种含有纳米纤维素的卷烟滤嘴棒填充纸及其制备方法	中国制浆造纸研究院有限公司、中轻特种纤维材料有限公司	2020-11-24	2022-12-27	有效
13	CN104095288A	一种用于制备纸质滤嘴用卷烟纸的添加剂	中国烟草总公司郑州烟草研究院、红云红河烟草(集团)有限责任公司	2014-07-04	—	失效
14	CN101408014A	一种卷烟滤棒制备用的醋酸纤维涂层纸、纸质滤棒及制备方法	湖南中烟工业有限责任公司	2008-10-31	—	失效
15	CN102326865B	一种含聚酯纤维的卷烟滤嘴用纸质滤材及其制备方法	云南瑞升烟草技术(集团)有限公司	2011-07-02	2013-12-18	有效
16	CN103829374A	一种烟草纤维纸质滤棒及其制备方法	广东中烟工业有限责任公司、广东省金叶烟草薄片技术开发有限公司	2012-12-29	—	失效

表 6　纸质滤棒提升截留效果代表专利信息一览表

序号	公开(公告)号	标题	当前申请(专利权)人	申请日	授权日	法律状态
1	CN203137018U	一种由增塑剂固联活性炭颗粒的香烟滤棒	云南恩典科技产业发展有限公司	2013-04-01	2013-08-21	失效
2	CN101363205A	降低卷烟烟气 CO、NO_x 等有害物成形纸涂料	湖南中烟工业有限责任公司	2008-09-28	—	失效
3	CN202416062U	一种涂布金属络合材料的减害型卷烟纸	中国烟草总公司郑州烟草研究院	2012-01-18	2012-09-05	失效
4	CN102704325B	一种可选择吸附卷烟滤嘴棒用干法纸质滤材及其制备方法	云南瑞升烟草技术(集团)有限公司	2012-06-06	2014-06-25	有效

续表 6

序号	公开(公告)号	标题	当前申请(专利权)人	申请日	授权日	法律状态
5	CN101967770B	一种降低卷烟烟气中酚类物质的纸质滤棒	湖南中烟工业有限责任公司	2008-10-31	2012-05-30	有效
6	CN102499480B	一种含有普洱茶提取物功能剂的香烟滤棒的制备方法	云南恩典科技产业发展有限公司	2011-10-10	2013-06-26	有效
7	CN1818210A	减害降焦烟用成形纸涂料	刘波	2006-03-28	—	失效
8	CN102268838B	一种卷烟纸添加剂及其应用	云南绅博源生物科技有限公司	2011-08-29	2012-11-28	有效
9	CN103622157B	一种复合草本植物的三元烟草纤维纸质滤棒及其制备方法	广东中烟工业有限责任公司	2012-12-29	2015-03-18	有效
10	CN201839795U	一种降低卷烟烟气焦油释放量的复合纸嘴棒	湖南中烟工业有限责任公司	2010-08-23	2011-05-25	失效
11	CN107415328B	用于纤维纸的压花子母辊	陕西浩合机械有限责任公司	2017-09-18	2020-09-04	有效
12	DE4118815C2	Verfahren zur Herstellung eines Cigarettenfilters und nach diesem Verfahren hergestellter Cigarettenfilter	British American Tobacco (Germany) GmbH	1991-06-07	1996-02-01	失效

表 7 纸质滤棒改善热塌陷代表专利信息一览表

序号	公开(公告)号	标题	当前申请(专利权)人	申请日	授权日	法律状态
1	CN112458797B	一种含有纳米纤维素的卷烟滤嘴棒填充纸及其制备方法	中国制浆造纸研究院有限公司、中轻特种纤维材料有限公司	2020-11-24	2022-12-27	有效
2	CN102247012A	添加了吸附性填充材料的醋酸纤维纸在纸质滤棒中的应用	云南瑞升烟草技术(集团)有限公司、南通烟滤嘴有限责任公司	2011-07-02	—	失效
3	CN107319632A	一种纸质滤棒的制备方法	常州思宇环保材料科技有限公司	2017-06-28	—	失效
4	CN111155356A	一种降温过滤材料及其制备方法与应用	华南理工大学	2020-01-07	—	失效
5	CN117016862A	一种含烟梗纤维滤棒材料的制备方法及应用	云南中烟工业有限责任公司	2023-09-20	—	审中
6	CN106490679A	一种瓦楞片材制成的纸质滤棒	四川锦丰纸业股份有限公司、云南养瑞科技集团有限公司	2016-12-15	—	审中
7	CN208597712U	一种同心圆结构的低温卷烟降温嘴棒	湖北中烟工业有限责任公司	2018-05-25	2019-03-15	有效
8	CN205030513U	三元复合卷烟滤棒	江苏大亚滤嘴材料有限公司	2015-05-28	2016-02-17	有效